核电厂维修人员专业技能培训教材

常规岛与核岛仪表检修

（适用于核电厂维修人员）

中核核电运行管理有限公司　组织编写

中国原子能出版社

图书在版编目（CIP）数据

核电厂维修人员专业技能培训教材．常规岛与核岛仪表检修 / 中核核电运行管理有限公司组织编写．一北京：中国原子能出版社，2020.11（2024.7 重印）

ISBN 978-7-5221-0966-4

Ⅰ．①核…　Ⅱ．①中…　Ⅲ．①核电厂-辐射测量仪-设备检修-技术培训-教材　Ⅳ．①TM623.7

中国版本图书馆 CIP 数据核字（2020）第 193119 号

核电厂维修人员专业技能培训教材　常规岛与核岛仪表检修

出版发行　中国原子能出版社（北京市海淀区阜成路 43 号　100048）
责任编辑　胡晓彤
装帧设计　赵　杰
责任校对　冯莲凤
责任印制　赵　明
印　　刷　中煤（北京）印务有限公司
经　　销　全国新华书店
开　　本　787 mm×1092 mm　1/16
印　　张　15.75
字　　数　394 千字
版　　次　2020 年 11 月第 1 版　2024 年 7 月第 2 次印刷
书　　号　ISBN 978-7-5221-0966-4　　**定　价**　**112.00 元**

网址：http://www.aep.com.cn　　**E-mail：atomep123@126.com**
发行电话：010-88828678　

核电厂维修人员专业技能培训教材

常规岛与核岛仪表检修

编审委员会

出版前言

为保障入职一年以上的核反应堆维修员工获得应对正常工况和紧急情况所需的工作技能和技术水平，中核核电运行管理有限公司维修领域各处室和技能培训处在完成维修专业技能培训科目编制和教学实施工作的基础上，继续推动了《维修专业技能培训教材》常规岛仪表/核岛仪表合订本的出版工作。

《维修专业技能培训教材》常规岛仪表/核岛仪表合订本中所有科目于2015年编制完成。2016 年开始面向维修领域入职一年以上的员工进行教学实施，并纳入中核核电运行管理有限公司各维修处室的岗位培训清单。《维修专业技能培训教材》常规岛仪表/核岛仪表合订本的所属科目对维修领域的员工技能培训工作中起到了“提高维修技能水平、保障机组安全生产”的作用。为了更好发挥维修专业技能培训教材的作用，配合核电厂维修领域工作的顺利有序开展，便于培训部门有效地组织培训，正确引导学员通过培训、学习，提高自身素质和能力，中核核电运行管理有限公司综合培训处组织印刷出版《维修专业技能培训教材》常规岛仪表/核岛仪表合订本。

《维修专业技能培训教材》常规岛仪表/核岛仪表合订本内容紧扣维修领域入职一年后的员工所迫切需要掌握的维修相关技能；通过对核电厂共性专业设备中常规岛/核岛仪表知识学习和基本操作技能演练，正确辨识相关参数，通过对核电厂共性常规岛/核岛仪表基本操作演练，正确认识岗位上专业维修设备常规岛/核岛仪表的基本操作方法，进而提升核电厂维修人员对常规岛/核岛仪表进行规范操作的能力。

《维修专业技能培训教材》常规岛仪表/核岛仪表合订本包含 11 个部分。其中第一部分 使用存储记录仪(8841 型)专业技能培训由宋磊负责编写，第二部分 使用绝缘测试仪专业技能培训由刘义初负责编写，第三部分 使用回路校验仪(FLUKE 744)专业技能培训由张书学负责编写，第四部分 气动开关阀的检查和校验专业技能培训由熊磊、张洁负责编写，第五部分 Fisher546 型电一气转换器检查和标定专业技能培训由罗良盖负责编写，第六部分 气动阀门定位器检查和校验专业技能培训由孙江沈伟负责编写，第七部分 智能阀门定位器检查专业技能培训由焦允站负责编写，第八部分 压力开关的检查和校验专业技能培训由臧小军负责编写，第九部分 使用便携式高压反冲洗装置专业技能培训、第十部分 电容式液位(差压)变送器的拆装和校验专业技能培训由金涛负责编写，第十一部分 电磁流量计的使用专业技能培训由秘双虎负责编写。内容涵盖核电厂共性专业设备中常规岛/核岛仪表的理论知识和基本操作技能。

《维修专业技能培训教材》常规岛仪表/核岛仪表合订本的编制出版，凝聚着编、审、校、排、印及组织管理人员的大量辛勤劳动和心血，同时得到了相关部门的大力支持和热情帮助，在此表示深深地谢意！

《维修专业技能培训教材》常规岛仪表/核岛仪表合订本中如有不妥之处，恳请批评指正。

中核核电运行管理有限公司

目　录

第一部分　使用存储记录仪（8841型）

第二部分　使用绝缘测试仪（FLUKE 1550B）

第三部分　使用回路校验仪（FLUKE 744 型）

第四部分　气动开关阀的检查和校验

第五部分 FISHER 546 型电—气转换器检查和标定

第六部分　气动阀门定位器检查和校验

第七部分　智能阀门定位器检查

第八部分 压力开关的检查和校验

第九部分　使用便携式高压反冲洗装置

第十部分　电容式液位（差压）变送器的拆装和校验

第十一部分　电磁流量计的使用

第一部分　使用存储记录仪(8841 型)

第一章　操作准备

1.1　存储记录仪概述

1.1.1　存储记录仪的定义

存储记录仪指将采样后的电压等信号转换为以波形或数字代码进行显示或存储,以便于后续工况分析,图 1-1 即为存储记录仪的原理图。

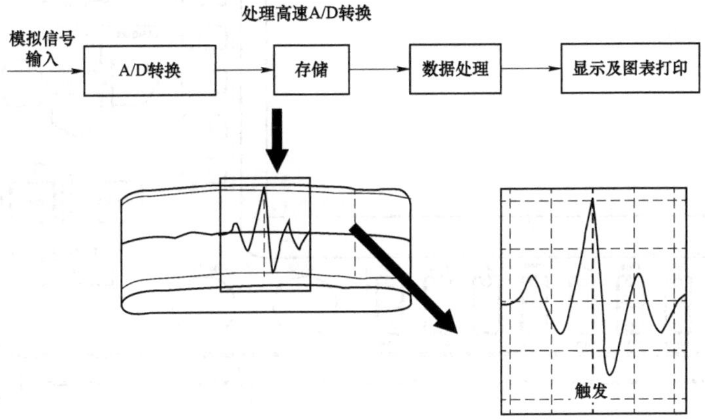

图 1-1　存储记录仪原理图

图 1-1 中对于 A/D 转换部分如图 1-2 所示,由图 1-2 可知,采样速度越快,X 轴上的数据就越精确,分辨率越高,Y 轴上的数据就越精确。

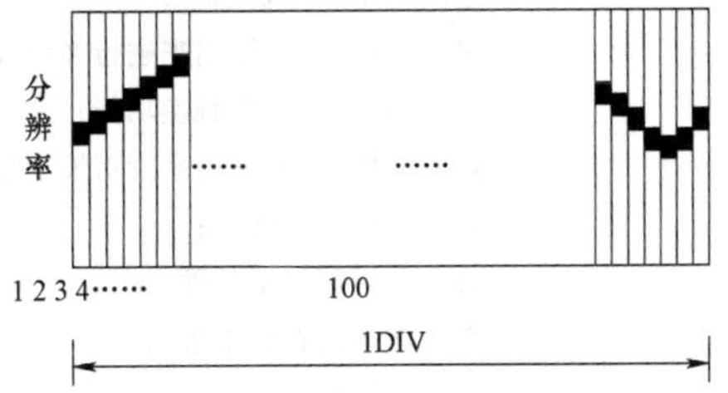

图 1-2　存储记录仪 A/D 转换

1.1.2　HIOKI 8841 记录仪的基本结构与设置

1. 前面板

HIOKI 8841 记录仪前面板上设置有调节所需的按键以及旋钮,用来完成参数设置、调节、测量、存储、打印、查看等基本操作,图 1-3 即为其示意图。

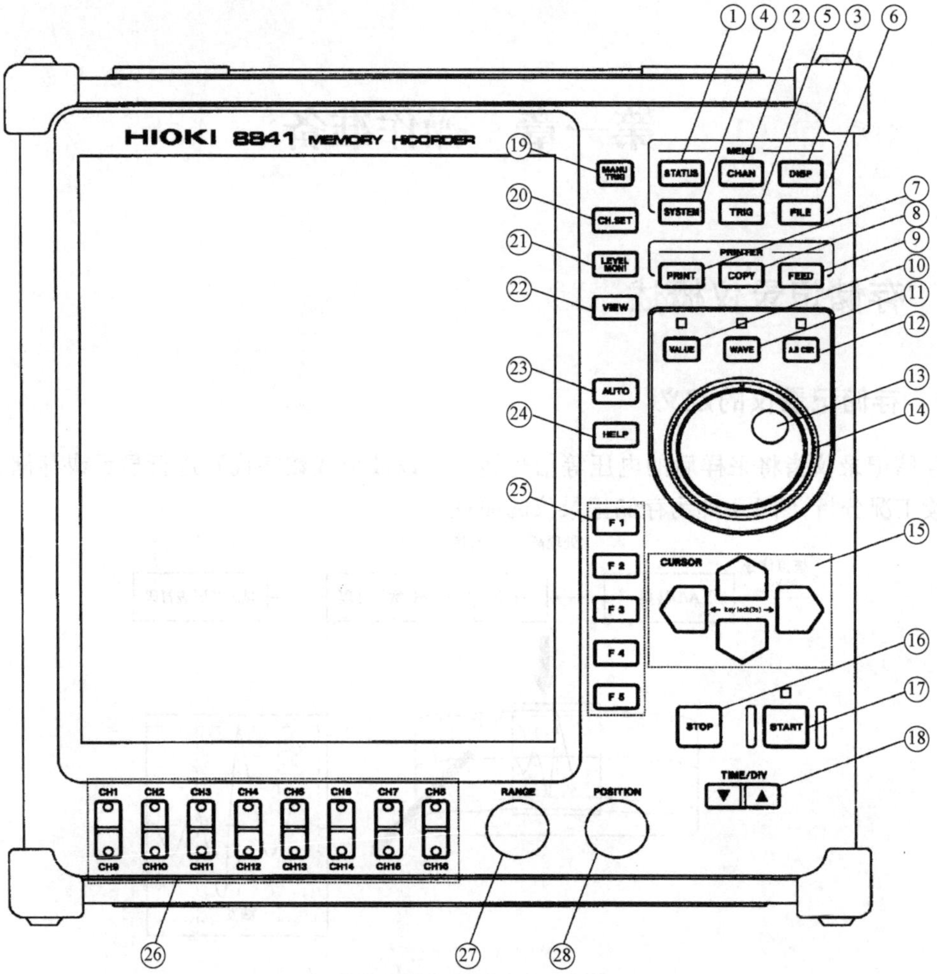

图 1-3　HIOKI 8841 记录仪前面板示意图

①:STATUS 键　　进入状态屏,该屏用来设置大多数的测量参数;
②:CHAN 键　　进入通道屏,该屏用来对输入通道进行设置;
③:DISP 键　　显示测量和分析结果;
④:SYSTEM 键　　进入系统屏,该屏用来进行系统设置;
⑤:TRIG 键　　进入触发屏,设定触发功能;
⑥:FILE 键　　进入文件屏,该屏用来读写波形数据等;
⑦:PRINT 键　　打印出存储的波形;
⑧:COPY 键　　打印前屏幕显示的硬拷贝;
⑨:FEED 键　　揿压该键使打印纸进纸;
⑩:VALUE 键　　用来设置数字;

⑪:WAVE 键	用来卷动波形;
⑫:A.B CSR 键	用来移动 A/B 光标;
⑬:旋钮	旋转旋钮,用来改变数值、移动 A/B 光标、卷动波形;
⑭:飞梭	同心圆环,用来改变数值、移动 A/B 光标、卷动波形;
⑮:CURSOR 键	这些键用来在四个方向移动闪烁光标;
⑯:STOP 键	停止测量和分析。揿压该键两次停止测量;
⑰:START 键	开始测量和分析。在测量期间,键上的发光二极管点亮;
⑱:TIME/DIV 键	用来设定输入信号的采入和存储速度;
⑲:MANU TRIG 键	当仪器处于待触发状态时,揿压该键引起手动触发;
⑳:CH.SET 键	在显示屏幕上设定输入通道;
㉑:LEVEL MONI 键	检查输入信号的电平;
㉒:VIEW 键	在屏幕底部显示当前波形相对于整个记录长度的位置信息;
㉓:AUTO 键	按压该键自动设定 X 轴和 Y 轴的范围,以易于读数;
㉔:HELP 键	提供在线帮助;
㉕:F1 到 F5 键	用来选定设置的项目;
㉖:Channel select/Input value 键	选定输入通道或设定数值;
㉗:RANGE 旋钮	设定输入通道的测量范围;
㉘:POSITION 旋钮	设定输入通道的零位。

2. *右面板*

右面板为电源输入、测量信号输入接口以及存储卡插入等部分的接口界面,图 1-4 即为其示意图。

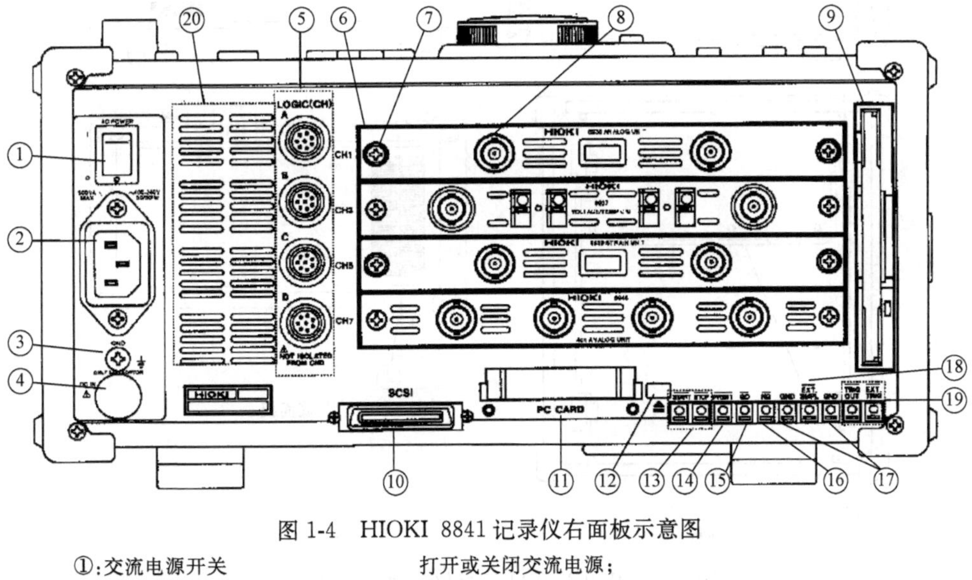

图 1-4　HIOKI 8841 记录仪右面板示意图

①:交流电源开关	打开或关闭交流电源;
②:电源插座	电源线插入此处;
③:功能接地端子	接地线接线端子,一般不连接;
④:直流电源插座	与附加的直流电源适配器 9433 连接;
⑤:逻辑探头接口	与逻辑探头输入模块连接,适用于通道 A 到 D;
⑥:输入模块插槽	这些插槽用来安装输入模块;
⑦:固定螺钉	用来固定插入式模块;
⑧:模拟输入接口	接测试信号;

⑨:软盘插槽 装入软盘;

⑩:SCSI 接口 可以连接 MO 盘;

⑪:PC 卡插槽 装入 PC 卡;

⑫:弹出按钮 取出 PC 卡;

⑬:外部"启动/停止" 用来控制开始/停止操作;

⑭:外部打印端子 可以控制打印操作;

⑮:输出"通过"端子 当输出波形的评价结果为"通过"时,这个端子输出一个信号;

⑯:输出"不通过"端子 当波形评价的结果为"不通过"时,这个端子输出一个信号;

⑰:接地端子 与⑬到⑯和⑱、⑲端子共用;

⑱:外部采样端子 允许输入一个外部采样信号;

⑲:触发端子 用来与其他模块进行同步。输入时使用"EXT TRIG"端子,而输出时使用"TRIG OUT"端子。

⑳:通风槽

3. 其他面板

HIOKI 8841 记录仪其他面板示意如图 1-5 所示。

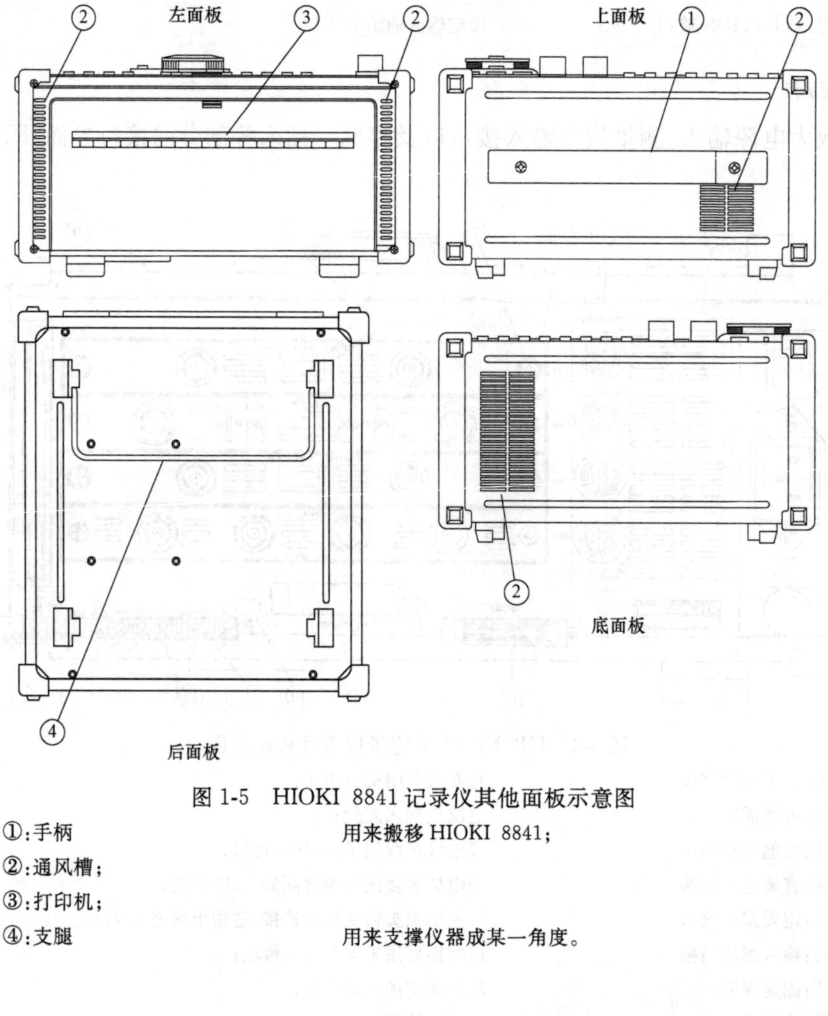

图 1-5 HIOKI 8841 记录仪其他面板示意图

①:手柄 用来搬移 HIOKI 8841;

②:通风槽;

③:打印机;

④:支腿 用来支撑仪器成某一角度。

1.1.3 HIOKI 8841 记录仪常用工作模式说明

HIOKI 8841 记录仪有三种记录模式可供选择，即 MEMORY 记录模式、RECORDER 记录模式和 RMS 记录模式，其中 MEMORY 记录模式最为常用，其特点是采样和存储的速度快，可以达到记录仪的最高采样率，但由于内存大小的限制，该模式的记录时间受限。该记录模式的原理如图 1-6 所示。

RECORDER 记录模式的特点是可以较长时间的连续记录，非常接近原来的走纸记录仪。该记录模式对于每个采样点都会记录一个最大值和一个最小值，可以保证数据的完整性，做到不漏掉出现的突变信号，该模式的工作原理如图 1-7 所示。

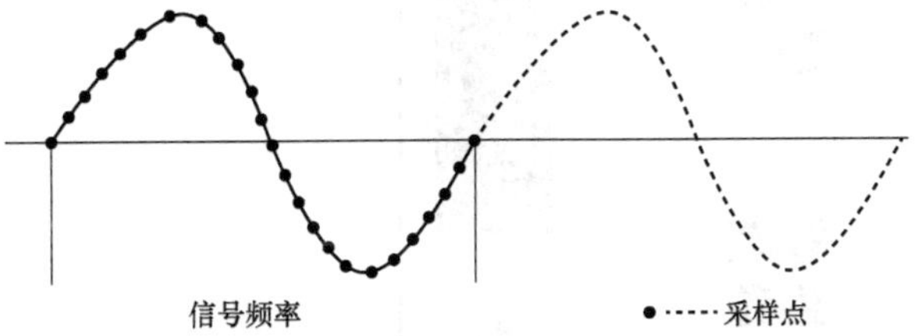

图 1-6　HIOKI 8841 记录仪 MEMORY 记录模式原理图

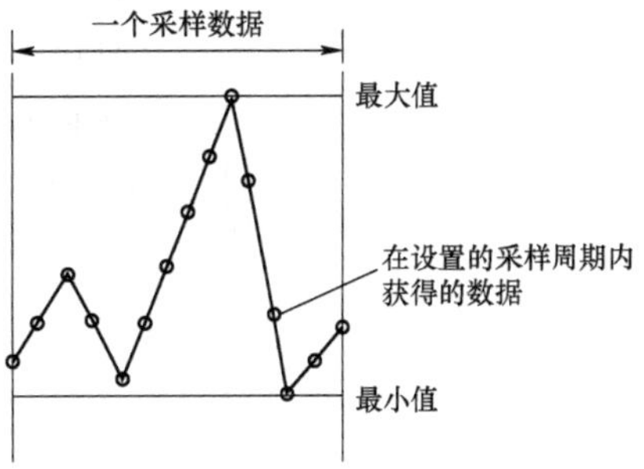

图 1-7　HIOKI 8841 记录仪 RECORDER 记录模式原理图

RMS 记录模式类似 MEMORY 记录模式，但仅适用于测量交流信号的有效值。根据上述不同记录模式的特点，针对不同的被测信号，选择合适的记录模式才能达到预期的工作目的。一般情况下，对于被测信号为交流信号时建议采用 MEMORY 记录模式或 RMS 记录模式，若被测信号需要长时间连续记录的直流信号时建议采用 RECORDER 记录模式。

1.1.4 各设置屏幕简介

1. STATUS 屏幕设置

在记录仪开机自检完成后，第一次按下“STATUS”键，即出现如图 1-8 所示的显示界面，此时移动光标至屏幕最上方中间部位，即可以选择记录模式为“MEMORY”，向下移动光标，则可以对屏幕中间各项进行设定。对于各项设置定义不明确的，可以通过按压“HELP”键来查看各设定项目的定义，从而进行恰当的选择。

2. CHAN 显示屏

按下“CHAN”按键则进入通道设定，首先需要根据实际情况来选择通道数目，颜色、在纵坐标的位置、横坐标的时间间隔即 DIV 等。

3. SYSTEM 显示屏

按下“SYSTEM”按键进入系统设置，进行系统时间设定等操作，还可进行比例功能、注释功能以及游标功能等高级功能设置。

4. FILE 显示屏

按下“FILE”按键进入文件编辑显示界面，可对文件进行复制、删除等操作。

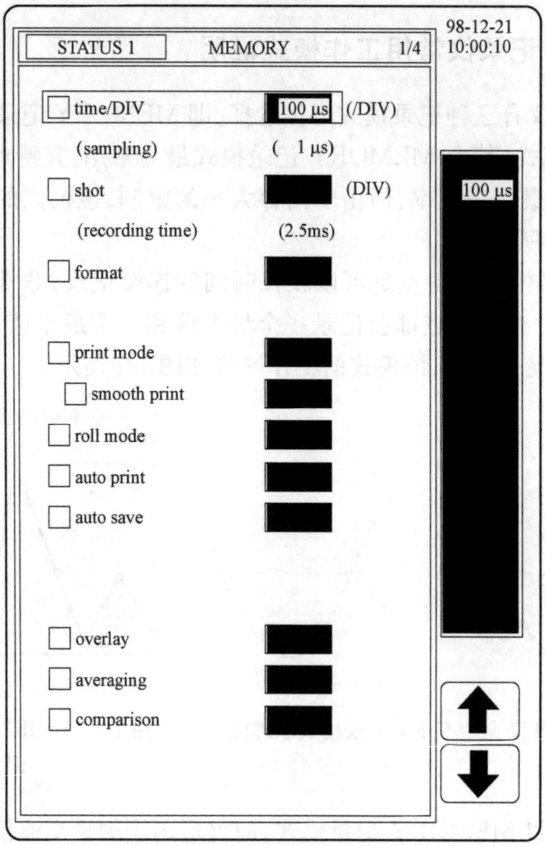

图 1-8 HIOKI 8841 记录仪 STATUS 1 设置屏幕

time/DIV	用于设定每个小格的时间长度，即时间轴精度；
shot	设定记录长度的格数；
format	设定显示格式；
print mode	选择以波形或数字作为打印输出形式；
roll mode	选择是否在采样同时显示波形；
auto print	选择是否在采样测量结束后自动打印输出；
auto save	选择是否在采样测量结束后自动保存测量结果；
overlay	选择在空间不足时是否对原来的测量结果进行覆盖。

1.2 文件准备

涉及现场工作的文件等。

1.3 工器具准备

1. 专用工器具：HIOKI 8841 记录仪。
2. 常用工器具：个人工器具等，根据实际情况准备。

1.4 模拟体准备

不适用。

1.5 辐射防护准备

不适用。

1.6 工业安全准备

穿戴防护用品。

1.7 配合人员准备

根据实际情况确定。

1.8 场地准备

不适用。

第二章　操作实施

2.1　操作实施 1——记录仪检查

见表 2-1。

表 2-1　操作实施 1——记录仪检查

序号	操作步骤	操作要求	操作工器具	测评标准
1	现场检查	检查现场电源接头情况	万用表	220 VAC
2	连接记录仪	连接记录仪至 220 VAC 电源	插线板或电源拖线盘	按操作要求完成
3	记录仪自检	打开记录仪电源开关	无	按操作要求完成

2.2　操作实施 2——STATUS 1 界面设定

见表 2-2。

表 2-2　操作实施 2——STATUS 1 界面设定

序号	操作步骤	操作要求	操作工器具	测评标准
1	按下“STATUS”按键	轻按“STATUS”键	记录仪	按操作要求完成
2	选择记录模式为“MEMORY”	将光标移动到(STSTUS1)后面的记录模式处，按下 F1 键选择记录模式为“MEMORY”	记录仪	按操作要求完成
3	选择合适的 Time/DIV Frequency	根据实际情况选择合适的横坐标轴参数	记录仪	按操作要求完成
4	选择合适的 Shot (Recording Time)	根据实际情况选择合适的采用精度	记录仪	按操作要求完成
5	选择显示窗口数目	选择“Single”单窗口显示	记录仪	按操作要求完成
6	选择打印模式	选择打印模式为“Wave”，即打印波形	记录仪	按操作要求完成
7	确定 Roll Mode 选项	确定 Roll Mode 选项为“Off”	记录仪	按操作要求完成
8	确定 Auto Print 选项	确定 Auto Print 选项为“Off”	记录仪	按操作要求完成
9	确定 Auto Save 选项	确定 Auto Save 选项为“Off”	记录仪	按操作要求完成
10	确定 Overlay 选项	确定 Overlay 选项为“Off”	记录仪	按操作要求完成

当移动光标到某个参数时,若该参数存在几个不同的选项,则在显示屏右侧会自动跳出相应的选项,每个选项都对应一个功能键即F1～F5等,要选择某个选项则按下对应其的功能键Fn即可。当选项过多时,可能会分屏显示,此时按下F5键,可在不同选项屏中进行跳转。

2.3 操作实施3——STATUS 2界面设置

见表2-3。

表2-3 操作实施3——STATUS 2界面设置

序号	操作步骤	操作要求	操作工器具	测评标准
1	按下"STATUS"按键	再次按下"STATUS"按键	记录仪	按操作要求完成
2	选择触发模式	根据实际需求选择合适的触发模式,通常选择"Auto"	记录仪	按操作要求完成
3	设置手动触发	根据实际情况选择是否需要手动触发	记录仪	按操作要求完成
4	设置Pre-trigger	根据实际情况选择是否需要预触发	记录仪	按操作要求完成
5	设置触发源逻辑关系	选择"OR"即或逻辑关系	记录仪	按操作要求完成
6	设置触发类型	根据实际需要设置各通道的触发类型	记录仪	按操作要求完成
7	设置逻辑触发	根据实际需要设置各逻辑通道,通常逻辑通道均不使用	记录仪	按操作要求完成
8	设置外部触发	根据实际需要设置外部触发,通常情况不采用	记录仪	按操作要求完成

根据实际情况对各通道的触发类型进行设置,即选择第一章提到的六种模拟触发的类型之一。每个通道均可进行设置,并结合序号5中选择的触发源逻辑关系来确定最终的触发类型,若选择触发源逻辑关系为"And",则设置的各通道触发条件均满足时才能触发,若如选择触发源逻辑关系为"Or",则设置的各通道触发条件满足任何一个均能触发记录仪开始工作。

2.4 操作实施4——Channel显示界面设置

见表2-4。

表2-4 操作实施4——Channel显示界面设置

序号	操作步骤	操作要求	操作工器具	测评标准
1	按下"CHAN"按键	轻按"CHAN"按键	记录仪	按操作要求完成
2	选择通道数目	根据实际需要,选择合适的测量通道数目	记录仪	按操作要求完成
3	确定各通道颜色	为便于区分,对不同通道的颜色进行确定	记录仪	按操作要求完成
4	确定各通道显示图形	确定各通道的显示图形	记录仪	按操作要求完成

续表

序号	操作步骤	操作要求	操作工器具	测评标准
5	确定各通道电压轴的范围	根据实际情况，对每个通道的电压轴即纵坐标分度进行确定	记录仪	按操作要求完成
6	连接各输入通道	给各输入通道接线	记录仪	按操作要求完成
7	确定各通道零位	观察各通道的零位是否重合	记录仪	按操作要求完成
8	调整各通道零位	根据实际情况对各通道零位进行调整	记录仪	按操作要求完成
9	调整电压轴的放大与衰减	根据实际情况对各通道电压轴进行放大或衰减	记录仪	按操作要求完成
10	设置滤波	根据实际情况确定各通道是否需要设置低通滤波	记录仪	按操作要求完成

2.5 操作实施 5——SYSTEM 显示界面设置

SYSTEM 界面通常用来设置系统时间以及部分高级设置如注释功能、游标功能，一般不用进行设置。

2.6 操作步骤 6——开始测量

见表 2-5。

表 2-5 操作步骤 6——开始测量

序号	操作步骤	操作要求	操作工器具	测评标准
1	按下“DISPLAY”按键	按下“DISPLAY”按键	记录仪	按操作要求完成
2	按下“START”按键	按下“START”按键	记录仪	按操作要求完成

2.7 操作步骤 7——结束测量

见表 2-6。

表 2-6 操作步骤 7——结束测量

序号	操作步骤	操作要求	操作工器具	测评标准
1	按下“STOP”按键	按下“STOP”按键	记录仪	按操作要求完成
2	再次按下“STOP”按键	按下“STOP”按键	记录仪	按操作要求完成
3	检查测量结果	根据实际情况检查测量结果	记录仪	按操作要求完成

2.8　实施中需要特别注意的几个关键点

2.8.1　关键点1

设置各通道的电压轴必须考量现场实际信号的输入范围,需结合零位调整进行设置。

2.8.2　关键点2

在设置电压轴范围时,可手动触发进行观察实际输入波形作为参考。

2.8.3　关键点3

采样时间和记录时间必须和触发模式综合考虑,如触发模式为“REPEAT”,则每次记录时间必须小于触发信号的周期,否则部分触发信号将无效并被忽略。

第三章 故障检查和处理

3.1 常见故障现象和判断方法检查和处理

出现故障后,记录仪显示屏幕下方会出现“ERROR”信息,此信息仅在错误消除后或按下“STOP”键后,方可消除。若蜂鸣器设置为开,则在显示错误信息的同时蜂鸣器鸣叫,见表 3-1。

表 3-1 常见故障现象判断方法和处理

序号	故障现象	判断方法	故障原因分析	故障排除方法
1	打印失败,显示故障代码为 ERROR 1	检查记录仪出错信息	打印纸未安装好	重新安装打印纸
2	打印失败,显示故障代码为 ERROR 2	检查记录仪出错信息	打印机滑杆不到位	将打印机滑杆滑到位
3	打印失败,显示故障代码为 ERROR 11	检查记录仪出错信息	打印机设置不正确	系统设置为外部打印机,但外接打印机未设置
4	打印失败,显示故障代码为 ERROR 12	检查记录仪出错信息	设定打印机电源错误	检查外部打印机的连接和电源
5	打印失败,显示故障代码为 ERROR13	检查记录仪出错信息	打印纸用完	更换打印纸
6	打印失败,显示故障代码为 ERROR 14	检查记录仪出错信息	打印机故障	打印机故障,检查内部打印机

第四章　操作结束

1. 总结回顾培训过程以及关键点
2. 针对学员技能培训进行点评
3. 召开技能培训操作工后会
4. 征求学员对技能培训及教材的信息反馈

第五章 经验反馈

5.1 内部经验反馈

HIOKI 记录仪作为维修工具，因此未见相关的内部反馈，但从过往的使用经验来看，各记录仪的逻辑触发输入端是很复杂的，不建议用于现场测试，因其设置必须考虑内部逻辑与现场各逻辑（TTL 逻辑、CMOS 逻辑和 ECL 逻辑）的对应关系，否则容易导致记录仪烧坏，甚至因其现场系统异动，造成不必要的损失。如确要进行逻辑测试，请转用逻辑测试仪进行相应的工作。

5.2 外部经验反馈

未见 HIOKI 记录仪相关的外部经验反馈。

第六章　习　题

6.1　选择题

1. 若选择一台仪器检查几个小时的模拟信号，可能的最佳选择是(A)。

A. 记录仪　　B. 万用表　　C. 示波器　　D. 逻辑分析仪

2. 若现场某信号电压值出现陡降的瞬变情况，最合适的触发类型是(C)。

A. 范围内触发　　B. 范围外触发　　C. 电压降触发　　D. 手动触发

3. 周期性信号采用(　　)触发模式最佳，但须注意记录时间应(A)信号周期。

A. Single，大于　　B. Repeat，小于　　C. Auto，无所谓　　D. Single，小于

注：以上试题在口试时每题 2 分。

6.2　填空题

1. 记录仪一般的采样精度为 μs 级别，而示波器则为 ns 级别，因此在监测工艺信号时应根据实际情况选择合适的仪器仪表。

2. 在任意界面按压 VIEW 键，即可快速查看输入通道的分布情况。

3. 不同型号模拟量输入模块的允许电压是不同的，具体数据可以从模块表面的标注来确定，测量之前需要确认，以防过压后烧毁模块。

注：以上试题在口试时每题 2 分。

6.3　简答题

1. 如何将记录仪记录的波形在电脑上查看、编辑？

将记录文件保存成*.bin 文件后放到电脑中即可查看、编辑。

2. 在记录仪中如何精确查看离零点很远的信号的小幅波动？

通过设置偏置和放大倍数即可。

3. 怎样查看确认 HIOKI 8841 记录仪的最大采样率？

在 Status 1 界面即可查看。

4. 在记录仪中如何选择打印和复制的输出对象？

使用 PRINT 键和 COPY 键。

注：以上试题在口试时每题 2 分。

6.4 实操题

鉴定点:使用 HIOKI 记录仪

试题:使用 HIOKI 记录仪

1. 准备要求:

考场准备:

(1) 试题名称:使用 HIOKI 记录仪

(2) 本题分值:80 分

(3) 考核时间:40 min

(4) 考核形式:实操

(5) 设备设施准备:

序号	名称	规格	单位	数量	备注
1	HIOKI 记录仪	8841	台	1	测试工具
2	电流电压源	/	台	1	源信号
3	万用表	FLUKE 179	块	1	测量工具
4	拖线盘	普通	个	1	/
5	绝缘胶带	3 M	卷	1	线头包扎

考生准备:

(1) 试题名称:使用 HIOKI 记录仪

(2) 本题分值:80 分

(3) 考核时间:40 min

(4) 考核形式:实操

(5) 工具及其他准备:无

2. 考核要求:

(1) 本题分值:80 分

(2) 考核时间:40 min

(3) 考核形式:实操

(4) 具体考核要求:考核场地要求现场整洁,工器具摆放有序,符合工业安全和辐射防护要求。

(5) 否定项说明:

考试过程中,非考生本人亲自参加考核;

技能培训中操作步骤不按顺序执行并已经导致操作部分无法成功完成;

遗漏技能培训科目操作步骤中的关键步骤,导致操作部分无法完成;

技能培训操作中严重违反安全生产相关规定的操作步骤;

技能培训口试中答案严重违反安全生产相关规定；

出现严重偏离技能培训目标标准的答案；

无法回答一定数量口试问题；

辅助人员帮助或提示考生酌情予以扣分。

3. 配分与评分标准：

序号	考核内容	考核要点	配分	评分标准	扣分	得分
1	实操前工作准备	(1) 工器具、材料、备件准备 (2) 文件准备 (3) 工业安全及辐射防护准备 (4)场地布置准备	20分	(1) 要求工器具、材料备件齐全，有遗漏项目酌情扣分 (2) 相关文件准备(如需要) (3) 个人防护用品穿戴齐全，辐射防护要求按实际情况执行，未按要求准备酌情扣分 (4) 工器具、材料等分类摆放整洁，视准备情况酌情扣分		
2	维修工器具的正确使用	维修工具、专用工具、量具等	30分	(1) 未正确使用工器具酌情扣分 (2) 使用前未使用万用表检查记录仪电源电压扣10分 (3) 未检查相关铭牌等扣10分 (4) 无纸记录仪设置不当酌情扣分		
3	文明检修情况	零部件摆放、维修操作过程	20分	(1) 工器具摆放有序，酌情扣分 (2) 野蛮操作，酌情扣分 (3) 未使用绝缘胶带包裹接线位置的直接扣3分		
4	操作时间	时间控制	10分	每超过3分钟扣1分		

评分人：　　年　月　日　　　　　　　　　　核分人：　　年　月　日

第二部分　使用绝缘测试仪 (FLUKE 1550B)

第一章　操作准备

1.1　绝缘电阻测试仪(FLUKE 1550B)概述

1.1.1　整体介绍

绝缘电阻测试仪(FLUKE 1550B)外观示意图如图 1-1 所示。

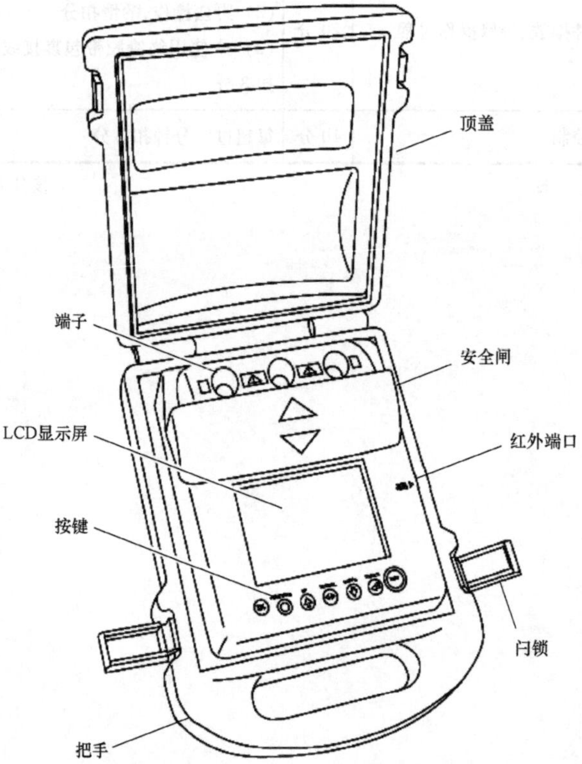

图 1-1　绝缘电阻测试仪(FLUKE 1550B)外观

绝缘电阻测试仪(FLUKE 1550B)特性如下：

(1) 可显示文本的大型液晶显示屏(LCD)

(2) 5 种预置测试电压：250 V、500 V、1 000 V、2 500 V、5 000 V

(3) 可设置测试电压：250 V 至 5 000 V(50 V/100 V 步增)

(4) 电阻测量：0 Ω 至 1 TΩ

(5) 极化指数 PI 测量

(6) 介电吸收率 DAR 测量

(7) 线性增加(100 V 步增)所用测试电压的斜率模式

(8) 测试计时器和测试结果存储(用户可设定 ID 标记)

(9) 击穿电压读数

(10) 铅酸充电电池

(11) 30 min 无活动后自动关闭

(12) 红外(IR)端口供下载测试数据

(13) 提供 PC 软件

1.1.2　按键及按键功能

绝缘电阻测试仪(FLUKE 1550B)的按键如图 1-2 所示排列。

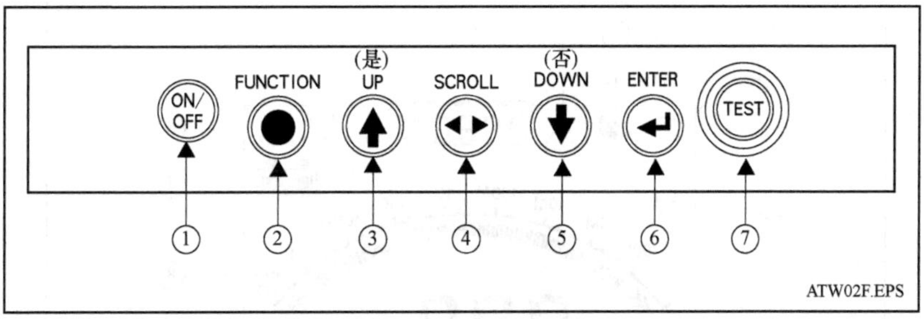

图 1-2　绝缘电阻测试仪(FLUKE 1550B)按键

使用这些按键可控制绝缘电阻测试仪(FLUKE 1550B)的操作、选择要查看的测试结果，并上下滚动选中的测试结果。

具体功能如表 1-1 所示。

表 1-1　按键功能

部件	按键	说明
①	ON/OFF	开启和关闭电表
②	FUNCTION	Function(功能)按钮：在“测试电压”模式，“功能”按钮会在测试电压选择项、斜率测试设置、时限设置和结果(内存功能)之间滚动。在查看结果时，使用“功能”按钮选择要查看或删除的屏幕
③	UP (是)	Up(向上)按钮：可在测试电压、保存的测试结果、计时器持续时间之间滚动，并选择标记 ID 字符。也可用来回答是/否提示时的“是”

续表

部件	按键	说明
④	SCROLL	Scroll(滚动)按钮:选择内存位置后,使用“滚动”按钮显示保存在内存中的测试参数和测试结果。包括电压、电容、极化指数、介电吸收率和电流等
⑤	DOWN (否)	Down(向下)按钮:可在测试电压、保存的测试结果、计时器持续时间及内存位置之间滚动。也可用来回答是/否提示时的“否”
⑥	ENTER	Enter(输入)按钮:用于从 RESUL TS 功能访问保存的数据(内存位置)。也可用于从 TEST VOL TRGE 功能启用测试电压在 250 V 和 5 000 V 之间的增量设置
⑦	TEST	Test(测试)按钮:开始和停止测试。按住按钮 1 s,开始测试。再次按下按钮,停止测试

1.1.3 显示画面

见图 1-3 和表 1-2。

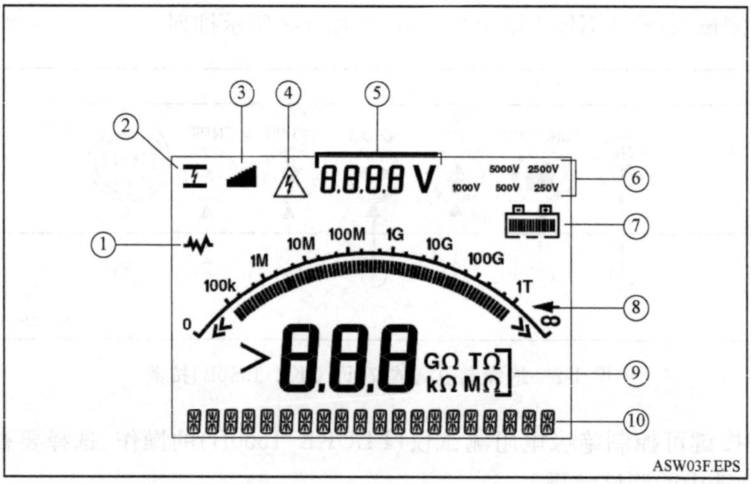

图 1-3 绝缘电阻测试仪(FLUKE 1550B)显示界面

表 1-2 显示画面说明

部件	说明
①	有干扰。显示的读数可能超出规定的精确度量程
②	斜率模式中的电击穿
③	斜率模式指示灯
④	测试端子有可能危险的电压 ⚠警告:测试前和测试后,确认电表没有显示存在危险电压。如果电表持续发出嘟声并且有危险电压,请拔掉测试导线并断开被测电路的电源
⑤	电表端子上有电表供电的电压或来自被测电路的电压

续表

部件	说明
⑥	测试电压选择项(250 V、500 V、1 000 V、2 500 V 或 5 000 V)
⑦	电池电量状态
⑧	条形图显示绝缘电阻
⑨	数字显示绝缘电阻
⑩	文本显示。表示电压、测试电流、电容,可设置测试电压和菜单选项

1.2　工器具准备

绝缘测试仪 FLUKE 1550B;
绝缘测试实验工装。

1.3　模拟体准备

检查模拟体是否有损坏,核实可否正常动作,以确保教学过程的顺利实施。

1.4　辐射防护准备

模拟体无辐射风险。

1.5　工业安全准备

按照工业安全规定执行,所有人员穿戴劳动保护用品。具体的工业安全准备需根据现场环境而确定,但基本的工业安全需要准备。所有人员必须佩戴安全帽、防砸鞋、工作服、手套等。检修场地使用警示带进行围栏,确保工作过程中无非工作人员进入。

1.6　配合人员准备

需仪控人员配合教员。

1.7　场地准备

清理场地,确保检修场地无其他异物;合理分配场地,确保工具、设备的合理分布,方便检修;在场地外围布置警示带。

第二章　操作实施

2.1　操作实施准备

见表 2-1。

表 2-1　操作实施准备步骤

序号	操作步骤	操作要求	操作工器具	测评标准	备注
1	切断被测设备电源	切断被测设备电源,接触就近铜牌或接触大地的良导体,对地短路放电,决不允许设备带电进行测量	跳线	断电设备电源电路对地放电	
2	断开可能感应高电压的设备部件	断开可能感应高电压的设备部件	螺丝刀或套筒	将可能感应高电压的设备部件	
3	分离与被测通道相连的部件	分离与被测通道相连的部件	螺丝刀或套筒	将与被测通道相连的部件从设备上分离	
4	清洁被测物表面	清洁被测物表面	清洁工具	将被测物表面清洁干净	
5	检查绝缘测试仪的工作状态	检查绝缘测试仪的工作状态	跳线	绝缘测试仪工作正常	
6	检查绝缘测试仪的工作环境	检查绝缘测试仪的工作环境	无	绝缘测试仪工作环境正常	

绝缘测试仪在工作时,自身产生高电压,而测量对象又是电气设备,所以必须正确使用,否则就会造成人身或设备事故。使用前,首先要做好以下各种准备:

(1) 测量前必须将被测设备电源切断,并对地短路放电 1 min,电容量较大的应至少放电 2 min 以免触电和影响测量结果,决不允许设备带电进行测量,以保证人身和设备的安全。

(2) 对可能感应出高压电的设备,必须消除这种可能性后,才能进行测量。

(3) 测量前必须分离与被测通道连接的机箱或卡件,绝不允许机箱或卡件不经分离进行测量,以保证设备的安全。

(4) 用干燥清洁的柔软布擦去被测物的表面污垢,必要时先用无水乙醇洗净套管的表面积垢,以消除表面漏电电流影响测试结果,并减少接触电阻,确保测量结果的正确性。

(5) 测量前要检查绝缘测试仪是否处于正常工作状态,电池电量满足需求。

(6) 绝缘测试仪使用时应放在平稳、牢固的地方,且远离大的外电流导体和外磁场。

2.2　测量前的设置

见表 2-2。

表 2-2　测量前的设置

序号	操作步骤	操作要求	操作工器具	测评标准	备注
1	绝缘测试仪接线	1. 转动安全闸,露出端子连接 2. 将测试导线插入(见图 2-1)所示端子,连接测试导线至被测电路 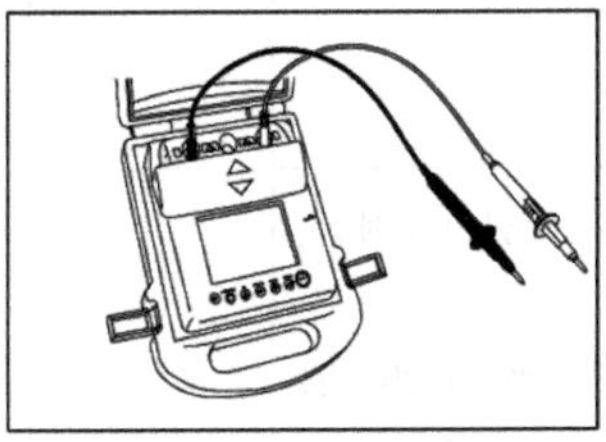 图 2-1　连接被测电路	无	按操作要求完成	/
2	设置测试电压	1. 开启绝缘测试仪,按 FUNCTION 按钮选择 TEST VOLTAGE 2. 按下 UP 或 DOWN 按钮在预置的测试电压选项(250 V、500 V、1 000 V、2 500 V 和 5 000 V)间滚动,选择与技术规格要求最接近的电压。选中的测试电压将出现在显示屏的右上角 3. 按下 ENTER 按钮。TV=XXXXV 将闪烁出现在显示屏的左下角	无	按操作要求完成	测试电压可能比选择的测试电压高 10%
3	选择斜率或就绪状态测试	1. 绝缘测试仪开启后,按下 FUNCTION 按钮选择"RAMP TEST"功能 2. 按下 UP 或 DOWN 按钮,打开或关闭斜率测试选项,显示屏的左上角斜率指示灯闪烁时,说明斜率选项已经打开	无	按操作要求完成	斜率测试功能是一项自动化测试,用来检查绝缘击穿。进行斜率测试期间,输出电压从 0 V 开始,线性增加(100 V 步增)直至达到指定的测试电压或直至测到电阻突降
4	设置测试时间	1. 绝缘测试仪开启后,按下 FUNCTION 按钮选择"RAMP TEST"功能 2. 重复按 UP 按钮增量时间,然后设定测试时间(以 1 min 为间隔)	无	按操作要求完成	测试时间根据不同电气设备的具体技术规格要求设置

2.3 进行绝缘测试

见表 2-3。

表 2-3 绝缘测试步骤

序号	操作步骤	操作要求	操作工器具	测评标准	备注
1	测试前再次检查	1. 被测电路断开所有电源并将电路电容放电 2. 确定安装接线正确且没有任何人员有受伤的危险 3. 连接测试导线至绝缘测试仪输入,然后连接至被测电路 4. 参数设置完成	无	按操作要求完成	/
2	绝缘电阻检测	1. 按下TEST按钮 1 s 开始绝缘测试。测试开始时,电表发出三次嘟声 2. 数字显示屏表示电路稳定后测量的绝缘电阻。读取测试结果并记录。条形图将此数值持续地(实时)显示为趋势走向 3. 测试终止后,显示“STORE RESULT?”。如果合适的话,请按照下一个步骤中所述方法保存测试结果。否则,按下DOWN按钮从而终止“STORE RESULT?”提示。这样未保存结果	无	按操作要求完成	显示屏上的⚠图标闪烁,表示测试端子上有可能危险的电压
3	保存测试结果	1. 按下UP保存测量结果。绝缘测试仪指定并显示顺序标记号(00 至 99)以标识测量 2. 如果可以接受标记号,按下ENTER按钮保存数据	无	按操作要求完成	/
4	查看保存在内存中的结果	1. 按下FUNCTION按钮选择“RESULTS”功能 2. 按下ENTER访问测试结果存储位置。ID 标记位置出现在显示屏的右下角 3. 按UP或DOWN在不同的保存位置间滚动 4. 停在要查看的位置上 5. 按下SCROLL查看特定测试的已保存测试数据。测试数据出现在字母数字文本显示屏和 LCD 显示屏上 6. 按下ENTER使绝缘测试仪返回“测试电压”模式	无	按操作要求完成	
5	测试结束,放电	1. 断开测试导线与被测电路 2. 分别将测试导线、被测电路(连接绝缘良好的短接线),接触就近的铜牌或连接大地的良导体,对地短路放电	绝缘良好的短接线	按操作要求完成	/

注意:出现以下任何状况将终止绝缘测试:

(1) 用户停止(按下(TEST)按钮)。

(2) 达到计时器时限。

(3) 测试电路上有干扰。

(4) 启用斜率测试后发生击穿。

(5) 电池耗尽。

2.4 实施中需要特别注意的几个关键点

2.4.1 关键点 1

切断被测设备电源并放电;测试结束,绝缘测试仪和被测设备放电。这是安全操作的基础,也是人身、设备安全的前提。

2.4.2 关键点 2

设置绝缘测试仪参数。参数设置应结合具体被测设备的特点,需提前查阅相关设备技术规格要求,合理选择参数。切勿选择过高电压致使设备损坏。

2.4.3 关键点 3

由于测试电压较高,测量过程中需密切监视被测设备及绝缘测试仪状态,如遇异常,及时停止并关闭绝缘测试仪电源。接触被测设备前要确认测试停止并已经放电。

第三章　故障判断和排除

3.1　故障 1:新电缆绝缘故障

3.1.1　故障现象

某电站在系统改造时,敷设新电缆后对其进行电缆绝缘电阻测试,发现有一根电缆其中一芯线对地(屏蔽层)绝缘电阻少于 10 MΩ,与其他同类型电缆绝缘电阻(500 MΩ)相比偏小。

3.1.2　故障判断和排除

将该电缆故障芯线对屏蔽层用 2 500 V 档测量时,电压只能升至 800 V,绝缘电阻为 504 kΩ。剥除外皮后,发现芯线有一接头,接头处热缩套管破裂,且与分屏蔽线已短路,如图 3-1 所示。

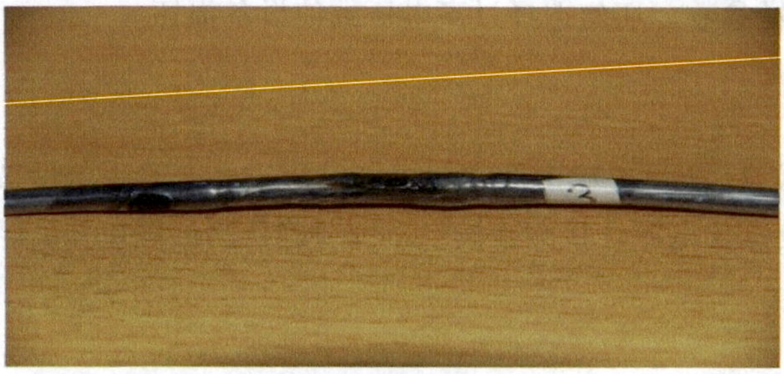

图 3-1　故障芯线

原因分析:此电缆规格型号为$(4\times2\times3.0)mm^2$(43/0.3 mm),其中芯线直径为 0.3 mm,芯线线径较粗,接头处理不好容易刺破热缩套管绝缘层与屏蔽线短路。

3.2　故障 2:逻辑地与机柜外壳绝缘故障

3.2.1　故障现象

某电站系统绝缘电阻测试时,发现该系统逻辑地与机柜外壳绝缘电阻为 0,万用表测量电阻为 0.7 Ω。

3.2.2　故障判断和排除

首先,将机柜中的所有插件拔出,用万用表监测系统逻辑地与机柜外壳电阻值,然后一个一个将插件插入机柜内,在插入过程中当万用表电阻值跳变时,就确认该插件有故障,最后对故障插件故障定位时,发现该插件的一个紧固螺丝垫片与插件内逻辑地相连。

第四章　操作结束

4.1　被测设备恢复

(1) 断开检测试验连线；
(2) 恢复原有接线或部件安装位置。

4.2　检测设备回收

(1) 关断检测设备的电源；
(2) 回收检测设备及试验导线。

第五章　经验反馈

绝缘电阻测试是为了了解、评估电气设备的绝缘性能而较常使用的一种比较常规的试验类型。技术人员通过对导体、电气零件、电路和器件进行绝缘电阻测试来达到以下目的：验证生产的电气设备的质量；确保电气设备满足规程和标准（安全符合性）；确定电气设备性能随时间的变化（预防性维护）；确定故障原因（排障）。

一般而言，对于绝缘测试有以下类型：设计测试、生产测试、交接验收测试、预防性维护测试以及故障定位测试。不同的测试类型取决于不同的测试目的和应用领域，并且不同绝缘的测试过程也具有不同的特点，所选择的绝缘测试仪器也不一样。

第六章　习　题

6.1　选择题(每题 3 分,共 12 分)

1. 测量前必须将被测设备电源切断,并对地短路放电__________,电容量较大的应至少放电__________以免触电和影响测量结果。(C)

A. 2 min,3 min　　B. 1 min,3 min　　C. 1 min,2 min　　D. 2 min,1 min

2. 绝缘测试仪使用时应放在__________、__________的地方,且远离大的__________导体和__________。(B)

A. 稳定,牢靠,内电流,内磁场　　B. 平稳,牢固,外电流,外磁场

C. 稳定,牢靠,外电流,外磁场　　D. 平稳,牢固,内电流,内磁场

3. 绝缘电阻测试仪(FLUKE 1550B)最大可测量电阻值为__________。(D)

A. 1 MΩ　　B. 10 MΩ　　C. 100 MΩ　　D. 1 TΩ

4. 绝缘电阻测试仪(FLUKE 1550B)有__________种预置电压。(B)

A. 10　　B. 5　　C. 6　　D. 1

6.2　填空题(每空 3 分,共 12 分)

1. 绝缘电阻测试仪(FLUKE 1550B)的功能按钮是__________。(“FUNCTION”按钮)

2. 用干燥清洁柔软的布擦去被测物的表面污垢,必要时先用__________洗净套管的表面积垢,以消除表面漏电电流影响测试结果,并减少__________,确保测量结果的正确性。(无水乙醇,接触电阻)

3. 绝缘电阻测试仪(FLUKE 1550B)可保存__________次结果供未来调用。(99)

6.3　简答题(每题 13 分,共 26 分)

1. 使用绝缘测试仪(FLUKE 1550B)在测量绝缘电阻时,正确的接线要注意什么?

接线前必须将被测设备电源切断,并对地短路放电;

旋开绝缘电阻测试仪(FLUKE 1550B)安全闸,将测试导线一端插入 1550B 端子(区分“+”“−”极),确认连接紧固,导线另一端接入被测电路(确认两导线之间无闭合回路)。

2. 绝缘测试仪(FLUKE 1550B)的使用方法是什么?

使用前检查、确认;查阅相关技术规格书,确认各测量参数。

绝缘测试仪接线;设置测试电压;选择斜率或就绪状态测试;设置测试时间。

测试前再次检查;绝缘电阻检测;保存测试结果;测试结束,放电。

工完料尽整理场地。

6.4 实操题

试题:绝缘测试仪的(工作间)使用

鉴定点:绝缘测试仪的(工作间)使用

1. 准备要求:

1.1 考场准备:

(1) 试题名称:绝缘测试仪的(工作间)使用

(2) 本题分值:50 分

(3) 考核时间:60 min

(4) 考核形式:实操

(5) 设备设施准备:

序号	名称	规格	单位	数量	备注
1	绝缘测试仪及附件		套	1	
2	仪用工具包		套	1	

1.2 考生准备:

无

2. 考核要求:

(1) 本题分值:50 分

(2) 考核时间:60 min

(3) 考核形式:实操

(4) 具体考核要求:掌握使用绝缘测试仪测量绝缘电阻。

(5) 否定项说明

3. 配分与评分标准:

序号	考核内容	考核要点	配分	评分标准	扣分	得分
1	确认工作对象	根据工单内容确认设备	5	自检/互检确认,未自检,扣 3 分;未互检,扣 2 分		
2	检查标准仪器,预热高阻仪	1. 检查绝缘测试仪的有效期 2. 确认绝缘测试仪附件完整 3. 确认绝缘测试仪电源电压选择	9	1. 未确认标准仪器的量程合适、在有效期内,扣 3 分 2. 未确认标准仪器的供电电压正确,扣 3 分 3. 未检查附件完整且无断线现象,扣 3 分		

续表

序号	考核内容	考核要点	配分	评分标准	扣分	得分
3	设置绝缘测试仪测试前准备	1. 设置绝缘测试仪,按电阻测量的过程进行 2. 测试绝缘测试仪在闭路状态时电阻	11	1. 未正确完成绝缘测试仪设置,扣 6 分 2. 未测试闭路电阻,扣 5 分		
4	测量被测物体的绝缘电阻	按教材要求测量被测物体的绝缘电阻	20	1. 按教材要求对被测物体的绝缘电阻进行测量,根据测量的情况酌情扣 1～10 分,最多扣 10 分 2. 测量操作正确,测量结果符合规程要求,酌情扣 1～10 分,最多扣 10 分		
5	确认工作完成,清理工作现场	工完料净	5	未工完料净,扣 5 分		

否定项:无

总分:

评分人:　　年　月　日　　　　　　核分人:　　年　月　日

第三部分　使用回路校验仪（FLUKE 744 型）

第一章　操作准备

1.1　回路校验仪(FLUKE 744 型)简介

回路校验仪(FLUKE 744 型)是美国 FLUKE 公司生产的一款高端现场多功能过程校验仪,如图 1-1 所示。其主要功能如下：

1. 用于测量传感器、变送器和其他仪器的电压、电流(mA)、RTD、热电偶、频率以及电阻。

2. 用于测量输出/模拟变送器校准所需的电压、电流(mA)、热电偶、RTD、频率、电阻以及压力。

3. 测量电流的同时为变压器提供回路电源。

4. 使用 29 块 FLUKE 700P××29 压力模块测量/输出压力。

5. 编制并运行 as-found/as-left 程序,以满足质量计划和规定,按照所选文件格式记录测量结果。

6. 对下载程序和校准结果可保存长达一周的时间。

7. 具有多种功能,包括自动步进、自定义测量单位、在测试过程中输入数据、单点和两点切换测量、平方根 DP 流量测试、可编程测量延时等。

8. 高亮度双显示屏,可以同时读取源参数和测量参数。

9. 与多种 Asset Management 软件包兼容。

图 1-1　FLUKE 744 型外观

1.1.1　回路校验仪(FLUKE 744 型)特点

1. 无论是完成校验、调试或日常检修工作，回路校验仪(FLUKE 744 型)都将大大提高工作效率。

2. 多功能：校准温度、压力、电压、电流、电阻和频率。由于仪器能同时进行输出(包括模拟功能)和测量功能，因此一台仪器就能完成校准和检修工作。

3. 三种操作模式：测量模式、输出(模拟)模式、测量/输出同时进行模式。因此一台就能完成校准和检修工作。

4. 集成了 HART 通讯能力：回路校验仪(FLUKE 744 型)不但是多功能过程校准器，而且提高 HART 手操器功能，实现 HART 仪表的维护，校准和调整(详见回路校验仪(FLUKE 744 型)HART 过程仪表认证校准器说明)。

5. 容易使用：显示界面类似电脑界面。逐级菜单指导完成任何工作。能方便地创建调整前校准程序(As-Found)和调整后校准程序(As-Left)，在校准过程中，无需手工记录校准数据。所有校准数据自动记录在仪器内，并和被校表(UUT)位号(Tag ID)，操作者信息一块存入存储器。存储器中的校准数据可以直接在仪表上调用，也可以通过电脑打印报告出来。

6. 限位开关校准：可以迅速完成电压、电流、温度、压力的一点或二点限位开关的校准。

7. 记录和存档校准结果：为支持 ISO9000 和其他规范化标准，回路校验仪(FLUKE 744 型)可以自动捕捉校准结果，不需要现场手工记录。其能通过自身的 RS232 接口将校准结果传至电脑，节约了手工抄写的时间。

8. 自动步进功能：可以方便设置一个自动可变的源输出量；可设置开始前的延迟时间，步进幅度，每步持续时间等参数。

9. 用户输入值：允许用户输入外界其他仪器或显示表的数值。

10. 用户定义单位：允许用户将显示单位替换为用户定义的任何单位，并在新旧单位之间定义比例关系。

11. 支持流行的仪器管理软件：回路校验仪(FLUKE 744 型)能兼容目前流行的系统软件。这些流行的系统软件有：Emerson-AMS、Honeywell-Docu Mint、Comerstone、Prime Tech-nology 等。直接从这些软件下载校准程序，上传校准结果到系统软件归档。

12. 开方特性曲线功能：可以直接校准差压流量仪表。

13. 内置计算器：除完成加/减/乘/除外可以进行开方、存储、取回操作。这在现场设置参数或评估数据时非常有用，不用再带铅笔，纸或计算器。

14. 可编程延迟测量功能：可以用来校准那些应速度慢的仪表。

15. 真正手持：可装入工具包或在空间狭小的现场使用，高效充电电池能支持一天长达 8 小时的工作。

16. 坚固可靠：模制外壳可以经受严酷工业环境的考验。校准器有一年或两年校准周期和三年免费保修。

1.1.2　回路校验仪(FLUKE 744 型)的主要技术指标

1. 测量直流电压：0～±300 V，交流电压：0～300 V　20 Hz～5 kHz。

2. 测量频率：1 Hz～1 kHz(100 mV～300 Vrms)、1 kHz～30 kHz(0.5 V～30 Vrms)、

30～50 kHz(1 V～30 Vrms)。

3. 测量电阻：0 Ω～11 kΩ。

4. 测量直流电流：0～110 mA。

5. 测量压力：2.5～69 000 kPa。

6. 回路电源：24 V 或 28 V(22 mA 最大)。

1.1.3 回路校验仪(FLUKE 744 型)面板按钮功能简介

见图 1-2。

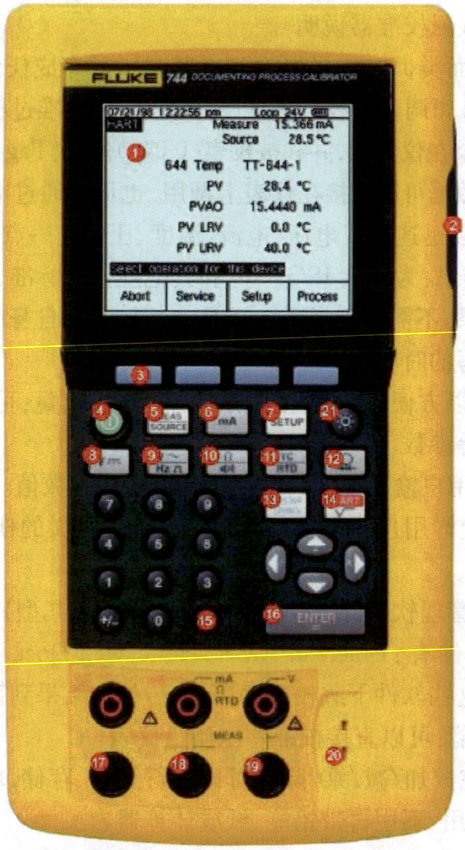

图 1-2 回路校验仪(FLUKE 744 型)面板示意图

图 1-2 中数字对应说明：

① 明亮的冷阴背光显示屏：可以在任何光线条件下观测结果；

② 220 V 转接电源插头 RS 通信口，HART 通信口压力模块接口；

③ 软菜单键：对应显示屏上的功能键；

④ 电源开关；

⑤ 三种工作模式：测量、输出、测量输出同时。使技术人员仅使用一台仪器就可以完成

故障诊断,校准和维护工作;

⑥ mA 功能键;

⑦ 设置功能键,实现以下功能的设定:

➢ 回路电源(24 V/28 V 可选);

➢ 冷端补偿设置:内部、外部;

➢ 自动节电模式:打开或关闭机器/背景光,选择自动关机/背景光前等候时间;

➢ 清除记忆内存;

➢ 时间日期设置;

➢ 数字显示模式;

➢ 压力单位(psi、mHg、inH_2O、Mh_2、bar、Pa、g、cm^2)温度单位(摄氏/华氏/绝对温度/开尔文)选择;

➢ 温标选择(IST-90/IPTS-68);

➢ 语言选择;

➢ 身份识别信息修改;

⑧ 直流电压功能键;

⑨ 交流电压及频率功能键;

⑩ 电阻及通断功能;

⑪ 热电偶或电阻功能键;

⑫ 压力功能键;

⑬ 清除键;

⑭ HART 通讯键,实现 HART 通讯功能,完成大部分手操器的工作;

⑮ 数值输入;

⑯ 确认回车;

⑰ 输出电压/电阻/电阻(最大电压不超过 30 V);

⑱ 输出 mA 通道(最大电压不超过 30 V)测量 mA/电阻/铂电阻通道;

⑲ 测量电压通道(最大电压不超过 300 V);

⑳ 热电偶测量/输出端;

㉑ 背景光。

1.1.4 初识回路校验仪(FLUKE 744 型)

开机操作如下:

1. 当第一次取出回路校验仪(FLUKE 744 型)时,需要将电池充电,充电 2 小时。

2. 将电池放入校准仪中。

3. 连接校准仪的电压输出端和输入端如下:

连接最左端的一对插孔(V、Ω、RTD 输出)和最右端的一对插孔(VMEAS)(见图 1-3)。

4. 开机按⊙,按▲、▼调整对比度。以达到最好的显示效果。校准仪在接通电源时是直流电压的测量功能,可以在一对 VMEAS 输入插孔中得到读数。

5. 按“SETUP”键,进入输出屏幕显示,校准仪将仍测量直流电压,并且你可以在显示屏顶部看到其测量情况。

6. 按“V—···”键，选择直流电压输出。按数字键 5 和“ENTER=”键开始输出 5.000 0 V 直流电压。

7. 按“MEAS SOURCE”键，进入双重显示屏幕。测量、输出同时工作。校准仪同时输出和测量直流电压。在上半部屏幕能看到测量读数，在下半部屏幕能看到输出值，如图 1-4 所示。

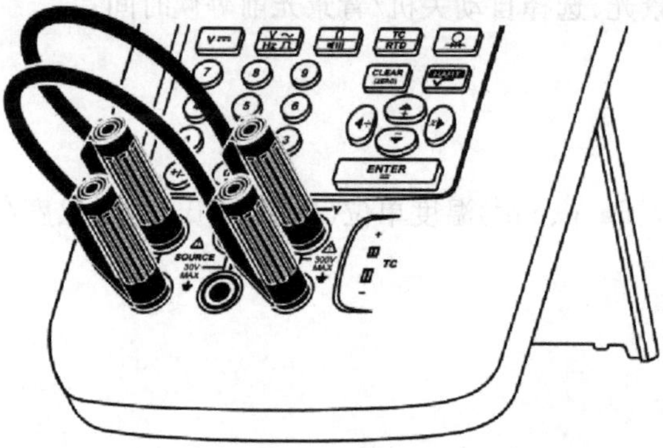

图 1-3 跨接线连接

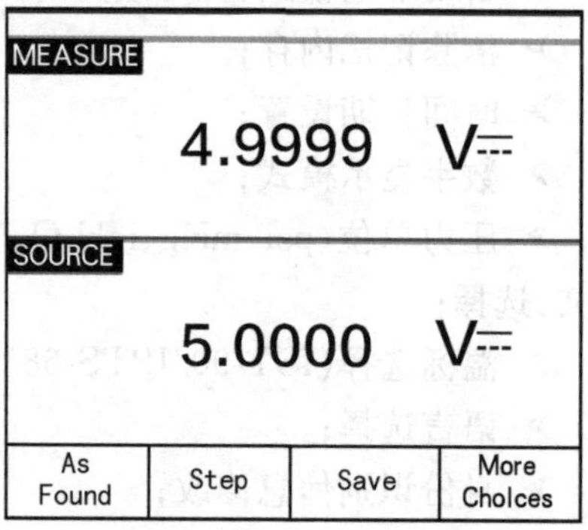

图 1-4 输入输出的例子

1.1.5 显示屏幕

图 1-5 为典型的显示屏幕。显示屏幕显示测量方式，紧靠上部显示为“输出关”，这一区域可显示其他方式(输出或测量)的状态。其显示部分如下：

1. 状态条：显示时间和日期(在设定方式下设置)，同时显示回路电源、电池储存和屏幕照明开关，所有这些功能都在设置模式中设定。电池和屏幕照明不足也将在此处显示。

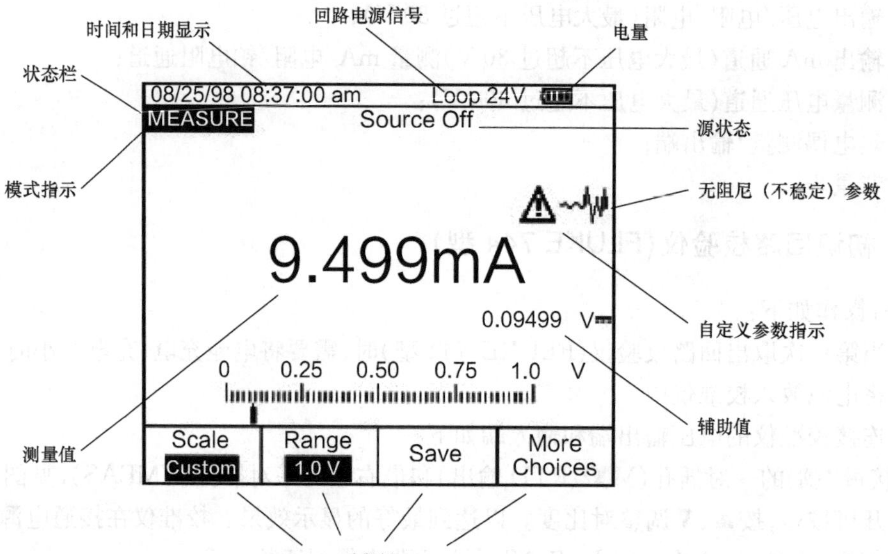

图 1-5 典型显示屏幕

2. 模式指示器：显示仪器的设置工作状态，是在测量方式、输出方式还是在分割屏幕的测量/输出同时显示方式。在每一个窗口中都对应着它的相应模式指示。

3. 测量值：按照选择显示工程单位或按百分比显示的测量值。

4. 量程状态：显示自动量程是否开通及当前所使用的量程。

5. 用户单位指示：指示所显示单位为用户单位，测量值或输出值的原始工程单位将不显示。

6. 附属显示：无论在使用缩放比或用户单位使用时，以原始工程单位显示测量或输出值。

1.1.6　设置校准仪

在打开校准仪之后，按图 1-6 所示将随机提供的带子依附在仪器上。您可以按照需要调节带子以将校准仪悬挂至固定的支撑上。图 1-6 所示为在桌面上使用时，如何打开支架，从而将校准仪安装至适合观看的角度。

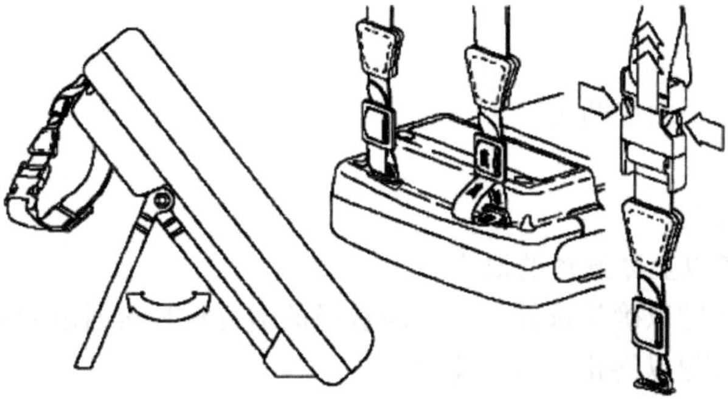

图 1-6　使用支杆并使用提带

1.1.7　保持电池使用寿命

可选的“自动省电”功能可以在超过设定的空闲时间之后将校准仪关闭。“自动省电”功能的缺省设置是“关闭”。当“自动省电”功能开启并且在使用可选的镉镍电池组(型号BP7217)时，“^”图标会在显示屏的右上角显示。关闭电源后，对“自动省电”功能的设置保留。当使用电池电流转换装置时，“自动省电”功能同样会起作用。按照如下步骤开启“自动省电”功能。

1. 按动 setup 键。

2. 按动▼以显亮出现于 Auto Battery Save 之后的 Off。

3. 按动 ENTER 键或者按动“Choices”软键。

4. 按动▲以显亮 ON，然后按动 ENTER 键。

5. 若接受显示屏上所显示的暂停时间，到此停止。按动Done以终止设置模式而无需继续进行第 6 步。

6. 若想改动暂停时间，按动▼以显亮出现于 Battery Save Timeout 之后的暂停时间。

7. 按动 ENTER 键或者按动“Choices”软键。

8. 以分钟为单位输入选择的暂停时间(可接受的范围：1～120 min)。

9. 按动“Done”软键。

10. 按动 Done 或者 setup 键以终止 Setup 模式。

警告

为避免对校准仪造成损坏，请只使用型号为 BE9005 的 FLUKE 系列电池电流转换装置。

当具备交流电源时，可以使用可选的型号为 BE9005 的 FLUKE 电池电流转换装置以节省电池能量。当使用电池电流转换装置时，电池在内部是断开的，因而可以将其从校准仪卸除。电池电流转换装置主要用于在工作台上对工艺仪表进行故障分析。在校准仪表时，使用电池电源可获得最佳的结果。

1.1.8 选择显示语言

此校准仪能以五种语言显示信息。系统语言是英语。如想更改显示语言，按如下操作进行。

1. 请按动 setup 键。
2. 按动左边第三个软键两次。
3. 按动▼三次。
4. 按动 ENTER 键。
5. 按动▲或者▼以显亮选择的语言。
6. 按动 ENTER 键以确认选择。现在所选择的语言将是接通电源时的缺省语言。
7. 按动 ENTER 键以终止 Setup 模式。

1.1.9 调节显示屏对比度

按动▲或者→以增加对比度。按动▼或←则用于降低对比度。当▲或▼键已被用于从列表中选择条目，例如在 Setup 模式中时，此时使用←或者→键调节对比度。在 Calculator 模式下，所有四个方向键都被用于算术功能。

1.1.10 显示日期和时间

在正常操作中，显示屏的顶部可以显示日期和时间。可以在 Setup 模式下开启或者关闭日期和时间显示。还可以控制显示日期和时间的格式。无论是否使用日期和时间显示，都应设定日历和时钟，因为所有的已存储结果都应用了时间信息。

按以下步骤设置日期和时间显示：

1. 按动 setup 键。
2. 按动“the Next Page”软键。显示屏将显示如下：
3. 使用▲或者▼键将光标移动至想要更改的参数，然后按动 ENTER 键或者” Choices” 软键以选择此参数的设定。例如，在选择 Date Format 后将会显示如下信息：
4. 按动▲或者▼键以将光标移至想要的日期格式。
5. 按动 ENTER 键以返回 setup 键显示。
6. 重新开始另外一次选择，或者按动“Done”软键或者 setup 键以保存设置并终止 Setup

模式。

1.1.11　测量功能

操作模式(即 MEASURE,SOURCE 模式)在显示屏上是以反向显示条的形式显示的。如果校准仪未处于 MEASURE 模式,按住 MEAS/SOURCE 键直至 MEASURE 显示。必须处于 MEASURE 模式下才能对 MEASURE 参数进行更改。

此校准仪通常会自动改变到适合的测量范围。显示屏的右下角视范围状态的不同而显示为“Range”或者“Auto Range”。Auto Range 切换点在使用手册最后的规格中有显示。当按动 Range 软键时,测量范围被锁定。再次按动将循环至下一个测量范围并锁定。当选择另外一个测量功能时,Auto Range 被重新激活。

如果测量范围已经锁定,超过此范围的输入将产生“------”的显示。在 Auto Range 状态时,超过范围的输入将产生“!!!!!!”的显示。

表 1-1 所示为测量和信号输出功能一览表。

表 1-1　测量和信号输出功能一览表

功能	测量	信号输出
直流电压	0～±300 V	0～15 V(最大 10 mA)
交流电压	0～300 V 有效值(rms)20 Hz～5 kHz	无输出
频率	1 Hz～1 kHz(100 MV～300 Vrms) 1～30 kHz(0.5 V～30 Vrms) 30～50 kHz(1 V～30 Vrms)	1 mV～10 V,0 Hz～50 kHz 零点对称正弦波或方波
电阻	0 Ω～11 kΩ	0 Ω～11 kΩ
直流电流	0～110 mA	0～22 mA(28 V 最大)
通断	蜂鸣并显示“short”	无
热电偶	E、N、J、K、T、B、R、S、C、L、U	
热电阻 2,3,4 线 测量 2 线输出	100 Ω Platinum(3926) 100 Ω Platinum(385) 120 Ω Nickel(672) 200 Ω Platinum(385) 500 Ω Platinum(385) 1 000 Ω Platinum(385) 10 Ω Copper(427) 100 Ω Platinum(3916)	
压力	27 种压力模块从 2.5 kPa 至 69 000 kPa	*
回路电压	24 V 或 28 V(22 mA 最大)	

* 对于压力输出功能,是指由外部手动压力泵或其他压力源作为压力信号

当您开启校准仪时，它同时启动直流电压测量功能。图1-7显示了电气测量连接。若您想从SOURCE模式或者MEASURE/SOURCE模式选择电气测量功能，先按动MEAS/SOURCE键进入MEASURE模式，然后按照如下步骤进行：

测量电流请按动mA键，测量直流电压请按动V⎓键，测量交流电压请按动V~/Hz⊓键一次，测量频率请按动V~/Hz⊓键两次，测量电阻请按动"欧姆"。

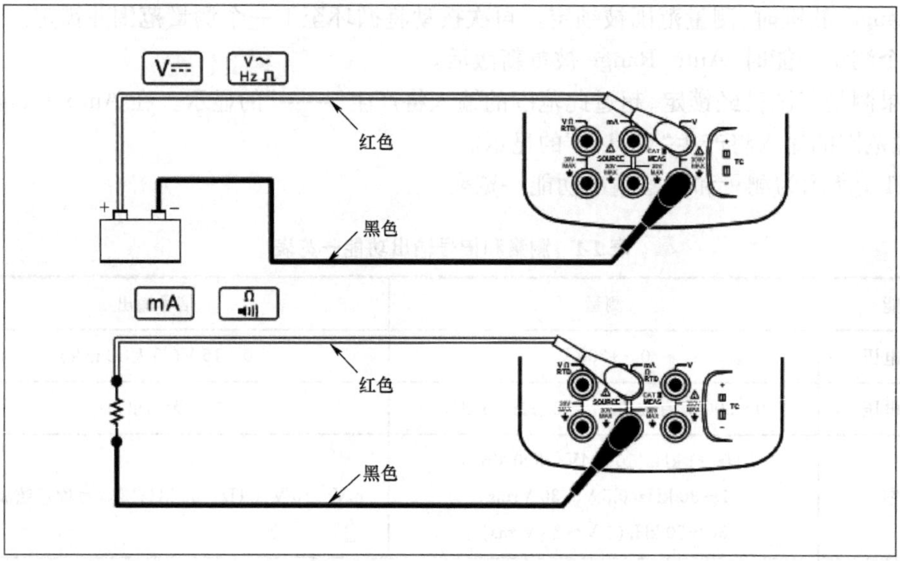

图1-7 电气测量连接

提示：当测量频率时，会得到所进行的测量要低于20 Hz的提示。按动▼以选择更低的频率范围，然后按动ENTER键。

(1) 测试连续性

测试连续性时，当"欧姆"MWAS插头和其普通插头之间的电阻小于25 Ω时，校准仪会发出报警声，并且显示屏会显示文字"Short"。当电阻大于400 Ω时，显示屏上会显示文字"Open"。按照如下步骤测试连续性：

① 请将要测试的电路去除电源。

② 如有需要，按动MEAS/SOURCE键以进入MEASURE模式。

③ 按动"欧姆"两次以使Open显示。

(2) 测量压力

FLUKE可以为您提供许多级别和类型的压力模块。请参阅使用手册背面附近的"Accessories"。在您使用压力模块之前，请阅读与之相应的说明页。模块会视您的使用方式、归零方式、允许使用的工艺压力媒质的类型以及精确度规定而改变。

图1-8显示了标准规格和差分模块。通过将底部接头与大气相通，差分模块还可以工作于gage模式。

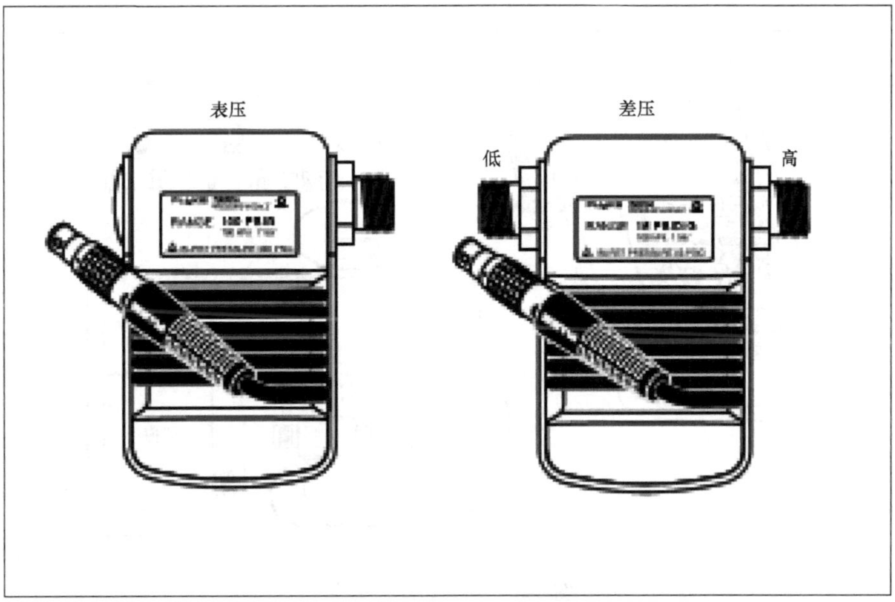

图 1-8 表压和差压模块

要测量压力,请参考模块说明页,按照所要测试的工艺压力将适合的压力模块安装上。按照如下步骤进行压力测量。

警告

为避免压力系统发生压力的急剧下降,在您将压力模块安装到压力管线上之前,请关闭阀门并慢慢地将压力释放。

提醒

为避免压力模块的机械损伤,千万不要在压力模块接头之间以及接头与模块体之间施加大于 10 ft · 1 b 的扭矩。务必在压力模块接头与连接接头或转换头之间施加适应的扭矩。

为避免过压对压力模块造成损伤,千万不要施加大于压力模块上所印制的最大额定压力。

为避免腐蚀对压力模块造成损伤,将其仅用于所规定的物料。有关相配的可接受的物料信息,参考压力模块上的印刷或者压力模块说明页

请按照图 1-9 所示将压力模块连接至校准仪。压力模块上的螺纹可以对接标准的 1/4NPT 管线接头。如果需要请使用随机提供的 1/4NPT 至 1/4ISO 的转换头。

1. 请按动 MEAS/SOURCE 键以进入模式。

2. 按动 [按键] 校准仪将自动识别所使用的压力模块类型并相应地设定范围。

3. 请参考模块说明页将压力模块归零。模块的归零步骤会视模块类型的不同而呈现差异。在测量压力之前必须执行归零这一步骤。

4. 可以按照所需改变压力显示单位,如 psi、mHg、inHg、mH_2O、inH_2O@、inH_2O@60……在 Setup 模式下可以看到包含基本单位(如 Pa,mHg 等)在内的所有压力单位。

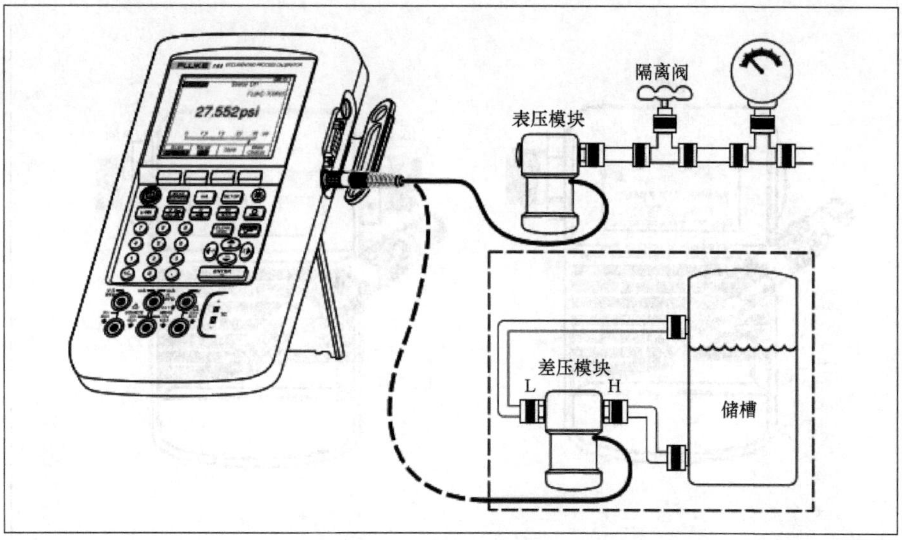

图 1-9 测量压力的连接

请按照如下步骤改变压力显示单位：

1. 按动 setup 键。
2. 按动“Next Page”键两次。
3. 按动 ENTER 键或者 Choices 软键并将光标停留在 Pressure Units 上。
4. 请使用▲或者▼键选择压力单位。
5. 按动 ENTER 键。
6. 请按动“Done”键。

(3) 测量温度

校准仪支持 11 种标准热电偶，每一种都对应有第一个字母表示：E、N、J、K、T、B、R、S、C、L 或者 U 表 1-2 概括了这些热电偶的范围和特性。

使用热电偶测量温度，请按下列步骤进行。

① 将热电偶导线与相应的 TC 微型插头相连，然后按图 1-10 所示插到 TC 插孔。一个插头比另一个宽些。不要用力将微型插头插入错误的极性中去。

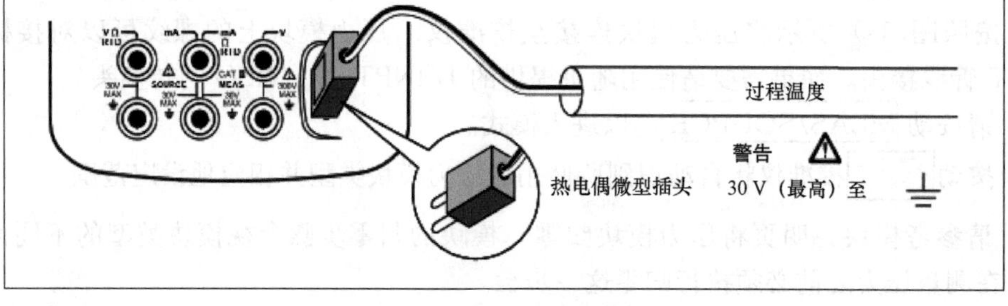

图 1-10 使用热电偶测量温度

注意

如果校准仪与热电偶插头所处温度不同,请等待一分钟,或者在插入微型插头到 TC 输入/输出后,等待连接器温度稳定。

② 如需要,按 MEAS SOURCE 键选择 MEASURE 方式。

③ 按 TC RTD 键。按照屏幕提示选择热电偶的类型。

④ 使用▲或▼键随后按 ENTER= 键。选择相应的 TC 类型。

⑤ 如需要,可按下列在 SETUP 键方式选择℃或℉温度单位。

a. 按 SETUP 键。

b. 按“Next Page”功能键两次。

c. 使用▲或▼键移动光标至需改变的参数,然后按 ENTER= 键或 Choices 功能键选择设定参数。

d. 按▲或▼移动光标至所希望的设定值。

e. 按 ENTER= 键反回到 SETUP 键显示屏幕。

f. 按” Done” 功能键或者 SETUP 键退出 SETUP 模式。

⑥ 如需要,可在 SETUP 键模式下改变 ITS-90 或 IPTS-68 温度标准,步骤与上述 a~f 所述相同。

表 1-2 可使用的热电偶类型

类型	正极性导线材质	负性性导线(H)颜色		负极性导线材质	指定的温度/℃
		ANSI*	IEC**		
E	铬镍合金	紫红	紫	康铜	−250~1 000
N	镍—铬—硅	橙		镍—硅—锰	−200~1 300
J	铁	白	黑	康铜	−210~1 200
K	铬镍合金	黄	绿	镍基热电偶合金	−270~1 372
T	铜	蓝	棕	康铜	−250~400
B	铂(30%铑)	灰		铂(6%铑)	600~1 820
R	铂(13%铑)	黑	橙	铂	−20~1 767
S	铂(10%铑)	黑	橙	铂	−20~1 767
C***	乌(5%铑)	白		乌(26%铑)	0~2 316
L(DIN J)	铁			康铜	−200~900
U(DIN T)	铜			康铜	−200~600

* 美国家标准协会(ANSI)规定负导线总是红色。

** 国际电气委员会(IEC)规定负导线总是白色。

*** 不是 ANSI 标准,而是 Hoskins 工程公司所规定的。

● 使用铂电阻—温度检测计(RTDs)

如表 1-3 所示,校准仪所接受的 RTD 类型。RTDs 在 0 ℃(32 ℉)的阻值称为"冰点"或 R0。最常用的 R0 为 100 Ω。大部分 RTDs 检测取自三端结构。校准仪以两线、三线或四线制连接接受 RTD 测量输入信号。其中四线制测量方式精度最高。两线制测量方式精度最低。

表 1-3 可使用的铂电阻类型

RTD 类型	冰点(R0)	材料	α/(Ω/℃)	测量范围/℃
Pt100(3926)	100 Ω	铂	0.392 6	−200～630
Pt100(385)*	100 Ω	铂	0.385	−200～800
Ni120(672)	120 Ω	镍	0.672	−80～260
Pt200(385)	200 Ω	铂	0.385	−200～630
Pt500(385)	500 Ω	铂	0.385	−200～630
Pt1000(385)	1 000 Ω	铂	0.385	−200～630
Cu10(427)	9.035 Ω**	铜	0.427	−100～260
Pt100(3916)	100 Ω	铂	0.391 6	−200～630

* IEC751 标准

** 10 Ω@25 ℃

● 使用 RTD 输入测量温度,请按下列步骤进行:

➢ 如需要,按 MEAS SOURCE 键选择 MEASURE 模式。

➢ 按 TC RTD 键两次选择 RTD 类型显示屏幕。

➢ 按▲或▼选择所希望的 RTD 类型。

➢ 按 ENTER= 键。

➢ 按▲或▼选择 2—,3—,4—线制连接。

➢ 按显示或如图 1-11 所示,将 RTD 插入输入插孔。如使用三线制连接,请在 mAΩRTD MEAS 下面的插孔和 V MEAS 下面的插孔(如图 1-11 所示)使用提供的跨接线。

➢ 按 ENTER= 键。

警告

切勿将双头香蕉插头插入水平方向的任意两孔之间(见图 1-11)。这样做将损坏插孔。当需要对 RTD 进行测量时使用提供的跨接线。双头香蕉插头只能用于垂直方向的插接,见图 1-12。

⑦ 如需要,可在 SETUP 方式按下列步骤改变℃或℉温度单位:

a. 按 SETUP 键。

b. 按"Next Page"功能键两次。

c. 按▲或▼键移动光标选择要改变的参数,然后按 ENTER= 键或"Choices"功能键,设定参数。

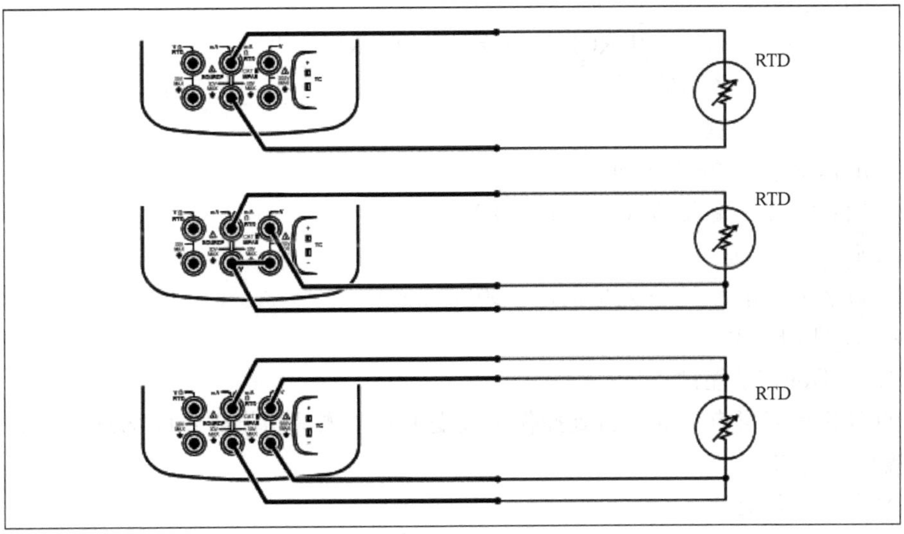

图 1-11　铂电阻测量温度

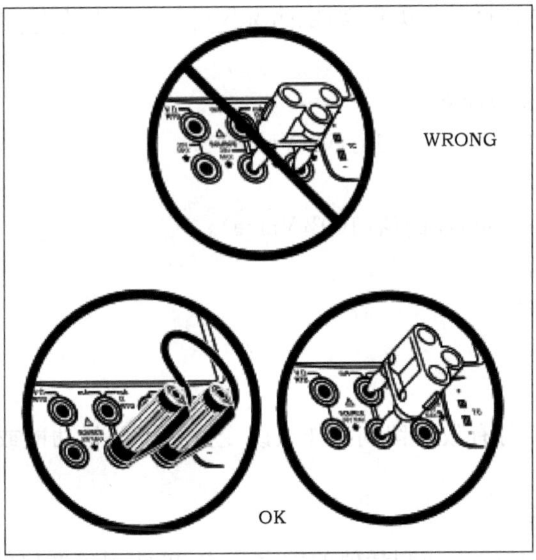

图 1-12　正确使用跨接线

d. 按▲或▼移动光标至希望的设定。

e. 按 ENTER 键返回 SETUP 键显示屏幕。

f. 按"Done"键或 SETUP 键退出 SETUP 方式。

⑧ 如需要,可在 SETUP 方式改变 ITS-90 或 IPTS-68 温度刻度。步骤与上述 a~f 相同。

● 以刻度比例显示测量值

本功能可以使测量刻度与仪器的某种特殊响应相一致。百分比尺度可以是线性输出的变送器或平方输出的变送器,例如差压变送器显示的流量。

线性输出变送器

➢ 如需要,按 MEAS SOURCE 键选择 MEASURE 模式。

➢ 按前面所述选择测量功能(mA、V—、V~欧姆 TC RTD 或压力)。

➢ 按“Scale”功能键。

➢ 从屏幕菜单中选择%刻度。

➢ 使用数字键盘输入 0%对应的值(0%Value)。

➢ 按 ENTER= 键。

➢ 用数字键盘输入 100%对应的值(100%Value)。

➢ 按 ENTER= 键。

➢ 按下“**Done**”功能键。

➢ 百分比尺度可有效的保留到操作员改变另一个测量功能或者按“Scale”功能键选择其他刻度模式之前。

● 平方率过程变量

当在尺度中选择“√ ”后,仪器将对输入信号进行开方再将结果以百分比形式显示出来。例如,当连接至半选输出差压变送器输出时,校准器的读数是和流量成正比的。

➢ 如需要,按 MEAS SOURCE 键选择测量模式。

➢ 按照前面的描述选择一个测量功能(mA、V—、V~欧姆 TC RTD,或压力)

➢ 按“Scale”功能键。

➢ 从菜单中选择“√ scale”。

➢ 使用数字键盘输入 0%对应的值(0%Value)。

➢ 按 ENTER= 键。

➢ 使用数字输入 100%对应的值(100%Value)。

➢ 按 ENTER= 键。

➢ 设置模式至“√ ”。

➢ 按 ENTER= 键。

➢ 按“Done”功能键。

➢ 方根百分比尺度可有效保留到操作员改变另一个测量功能或者按“Scale”功能键选择另外一个刻度模式前。

● 使用内置计算器

为了解答包含校准仪输出或测量值的数字公式,可使用校准仪的内置计算器。当前的测量和输出值包括单位,都可在单一的按键中插入公式中。在进行计算时,校准仪保持测量和输出功能。

按“Calc”功能键打开计算功能。按 More Choices 在 SOURCE,MEASURE 或 MEASURE/SOURE 模式下,来得到“Cale”功能键。

按 Calc 后,显示屏,数字键和有计算功能的键,或为一个代数计算器。

如需恢复正常的校准功能时,按“**Done**”键。

● 存贮与恢复

当校准仪处于计算模式下,屏幕上半部显示三个寄存器的名称和它们的内容。

1. MEASURE(当前测量值)

2. SOURCE(当前输出值)

3. REGISTER(临时寄存器)

按"ReCall"功能键再按功能键选择所需要的寄存器,将其中内容插入进行计算。

按"Store"从计算器显示(下半部)将数据存入寄存器,为以后使用或输出。

- 利用计算器设置输出值

当选择存贮器至 SOURCE,计算器提示所使用的相应的单位(mV,V)然后开始输出该值。对超出量程的数值计算器将忽视。

1.1.12 信号源输出模式

操作方式(如测量、信号输出)以方向影象条形式显示在屏幕上。如校准仪不在 SOURCE(输出)方式。按 MEAS SOURCE 键直到显示屏出现"SOURCE"为止。若要改变输出参数,必须在 SOURCE 模式下改变。

- 电气参数信号输出

选择电参数输出功能,按下列步骤进行。

根据输出功能,如图 1-13 所示连接测试线,在输出功能下。

1. 按 mA 键选择电流, V⎓ 键选择直流电压, V～Hzπ 键选择频率,或选择电阻。

2. 输入希望的输出值,然后按 ENTER= 键。例如:要输出 5.0 直流电压,按下 V⎓ 键、⑤键、○键、ENTER 键。

> **注意**
>
> 若输出频率,按所显示的提示选择零点对称的正弦波或正方波,你所指定的幅度是峰—峰值。

3. 要改变输出值时,直接输入新值,按 ENTER= 键。

> **注意**
>
> 如果正在发出电流信号,请等待波形符号消失后再使用输出。

4. 在当前输出功能上若要使输出为 0,请按 CLEAR(ZERO) 键。

5. 要完全关闭信号输出,按 CLEAR(ZERO) 键两次。

> **注意**
>
> 使用电流输出功能可以驱动电流回路。这和校准仪的回路电源功能驱动过程仪表不同。要使仪器产生回路电源,只能从 SETUP 方式下启动回路电源 Loop Power。

- 模拟 4～20 mA 变送器

可将校准仪通过 SOURCE mA 功能设置电流回路,在输出功能按下 MEAS/SOURCE,电流输出显示屏幕提示选择 Source mA 或 Simulate Transmitter。当选择 Source mA 时校准的发出电流，而当选择 Simulate Tramsmitter 时，校准仪输出一个可变电阻以供调整所需的电流。如图 1-14 所示，连接外部回路电源，正极(上孔)mA 插孔。

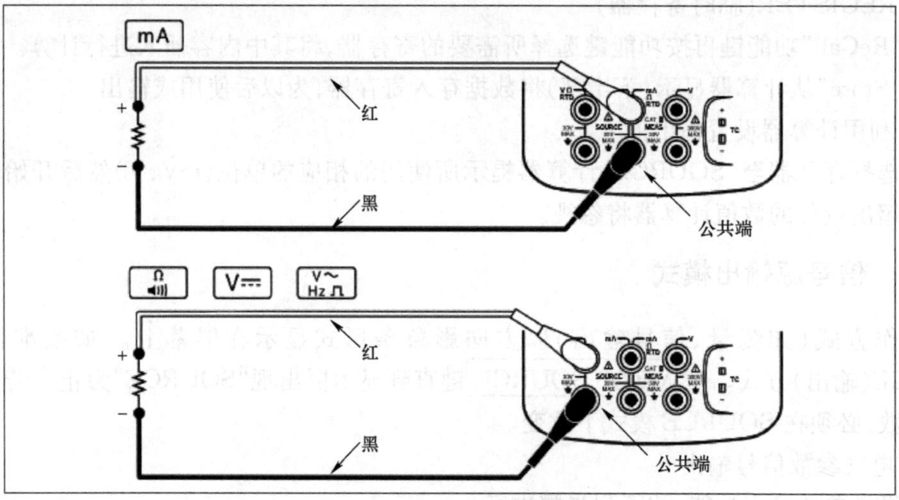

图 1-13　信号输出的连接

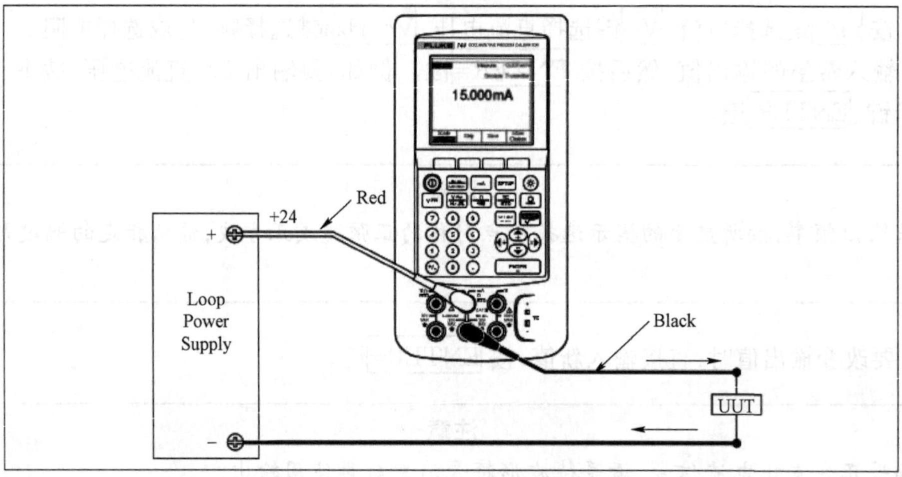

图 1-14　模拟 4～20 mA 变送器的连接

注意
见"变送器模式"，在此模式下，校准仪可被设定以暂时代替两线过程变送器。

- 提供回路电源

校准仪提供的回路电源为 24 V 或 28 V 通过内部一系列 250 Ω的电阻。28 V 可为除两线制变送器以外回路中两或三个 4～20 mA 装置提供足够电流之用。如果除两线制变送器之外回路中负载两个设备或者再少的可使用 24 V。每个典型 4～20 mA 回路中的装置具有 250 Ω 电阻，这样在 20 mA 时其压降为 5 V。为了保证在最大情况下变送器仍正常工作，典型变送器的最小电压应为 11 V。

当使用回路电源时,mA(中间一列)插孔是专门发出和测量回路电流的。这意味着输出电流 mA 和测量 RTD 测量和输出电阻不能同时使用。

按图 1-15 所示,连接校准仪与系列仪表的电流回路,按下列步骤进行可产生回路电源。

1. 按 SETUP 键选择设置模式。
2. 注意,随后出现的“Loop Power”(回路电源),“Disabled”(禁止)被显亮,按 ENTER= 键。
3. 使用▲或▼方向键选择“Enabled 24 V”或“Enabled 28”。
4. 按 ENTER= 键。
5. 按“Done”功能键。

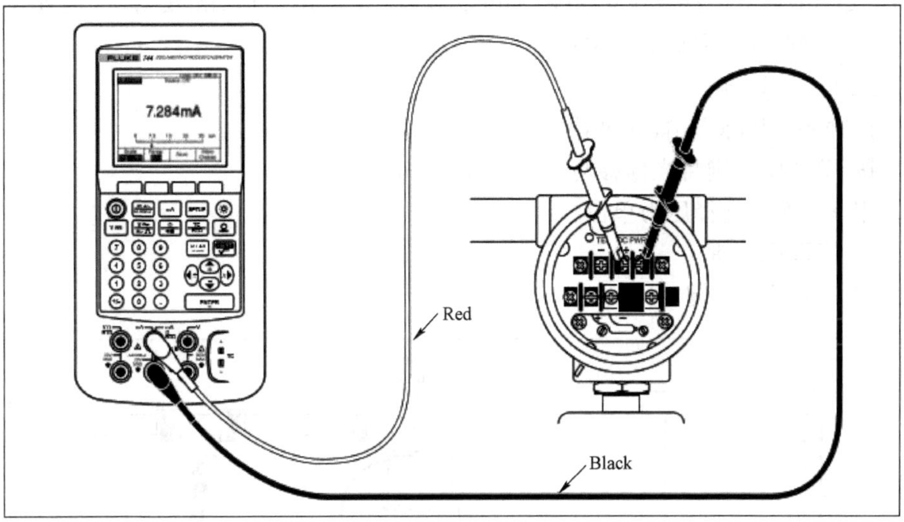

图 1-15　提供回路电源的连接

- 模拟压力输出

校准仪仅提供压力显示功能,而实际功能则需使用手动式压力泵来提供。使用这一功能校准仪表需要有压力源或差压信号。参见图 1-16 和图 1-31。

很多压力模块的量程范围和类型在 FLUKE 都是可用的。在使用压力模块前请阅读使用说明。

若使用压力显示屏幕,参见图 1-16,并按下列步骤进行。

警告

为避免带压系统压力猛烈释放,请关闭阀门并缓慢排放压力后再将压力模块与压力管线相连接。

注意

为避免机械性地损坏压力模块,压力模块接口之间和模块本体与接口之间的扭矩必须小于 10 ft • 1 b。压力模块接口和连接接口或适配器之间的扭矩总应施加相适当的扭力。

为了避免压力过大而损坏模块,请不要超过说明上的最大压力等级。

为避免由于腐蚀而损坏压力模块,请使用特殊材质的压力模块。参见压力模块使用说明表,压力模块可适应的媒质。

1. 按图 1-16 所示的连接压力模块和压力源及校准仪。压力模块的螺纹接口为 1/4NPT,如需要,可使用 1/4NPT-1/4ISO 适配器。

2. 如需要,按 MEAS SOURCE 键进入 SOURCE 模式。

3. 按下压力键,校准仪自动感受所连接的压力模块并设定相应的量程。

4. 按模块使用说明,把模块设置到零。不同类型的压力模块其设置零的程序是不同的,在开始测量或输出压力之前,必须进行这一步骤。

5. 用压力源给测压管线加压至所期望的值,如显示屏幕所示。

6. 如需要,按下列步骤可改变压力显示单位。Psi、mHg、inHg、mH_2O、inH_2O@60 ℉、ftH_2O、bar、g/cm^2 或 Pa,公制单位(kPa,mmHg 等)在基本单位(Pa,mHg 等)的设置方式中显示。按如下步骤改变压力显示单位:

(1) 按 SETUP 键。

(2) 按"**Next Page**"功能键两次。

(3) 按 ENTER= 键将光标移至 **Pressure Units**。

(4) 用▲或▼键选择压力单位。

(5) 按 ENTER= 键。

(6) 按"**Done**"功能键。

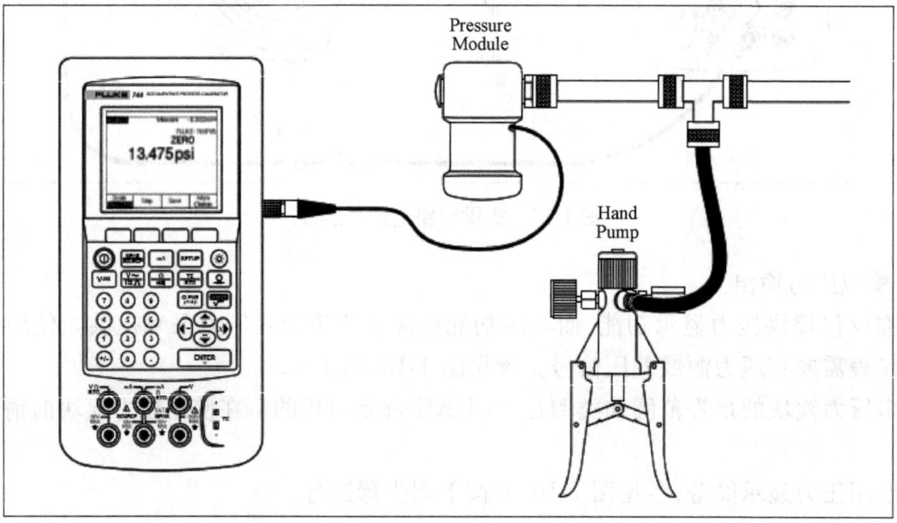

图 1-16 压力输出的连接

● 模拟热电偶输出

将带有热电偶导线的被测仪表与相应的热电偶微型连接器相连插入校准仪 TC 插孔(扁平带极性的热电偶插头,中心距 7.9 mm[0.312 in]),一头比另一头略宽。极性不对时,勿用力按微型插头。见图 1-17 所示。按下列步骤模拟热电偶:

1. 将热电偶导线与相应的 TC 微型插头相连,然后按图 1-10 所示插入 TC 输入/输出插孔。

2. 如需要,按 MEAS SOURCE 键选择 SOURCE 模式。

3. 按 TC RTD 键进入提示显示屏幕,进入热电偶类型。

4. 按▲或▼键选择所希望的热电偶类型接着按 ENTER= 键。

5. 按▲或▼选择 Linear T(缺省值)或 Linear mV(校准对 mV 输入作出线性反应的温度变送器)接着按 ENTER= 键。

6. 输入所要的模拟温度(由显示屏幕显示)并按 ENTER= 键。

注意

如果使用铜导线而不是热电偶导线,参考端不在校准仪内。参考端被移到仪表(变送器、指示器、调节器等)输入端。必须精确测出这一外部参考温度,并将它输入校准仪。按 SETUP 并设定 Ref. Junc. Compensat 和 Ref. June. Temp。参考端补偿温度在输入了外部参考温度后,校准仪才修正所有的毫伏值来补偿这一新的参考端温度。

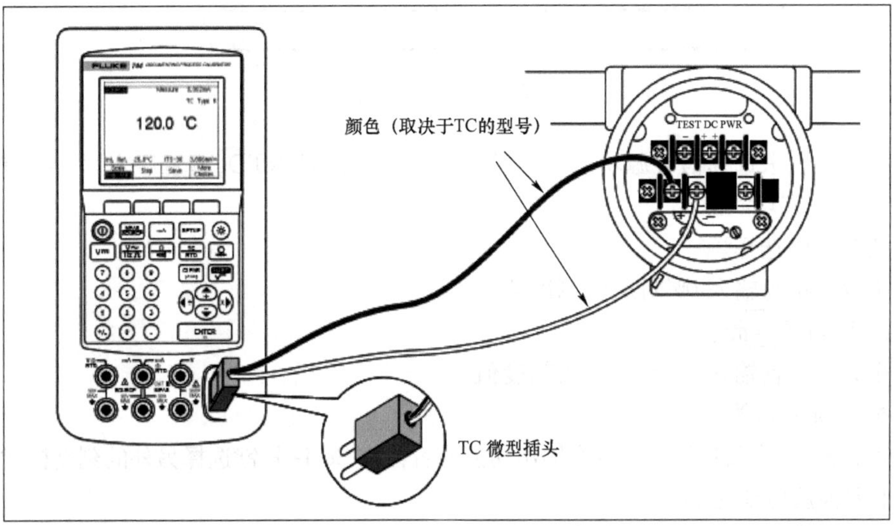

图 1-17　模拟热电偶(输出)的连接

- 模拟 RTDs 输出

按图 1-18 所示,连接校准仪与被测仪表,图中显示了两线、三线或者四线变送器的连接连接方式。对于三线或者四线的变送器,使用 4 英寸长的跨接线连接三或者四线 source V RTD 插孔。

按下列步骤模拟 RTD(热电阻温度检测计):

1. 如需要,按 MCAS SOURCE 键选择 SOURCE 模式。
2. 按 TC RTD 直到选择 RTD 类型显示屏幕出现。
3. 按▲或▼键选择所希望的 RTD 类型接着按 ENTER= 键。
4. 输入所需的模拟温度(由显示屏幕显示)并按 ENTER= 键。

- 按百分比刻度输出信号

这一功能可使操作员根据特殊过程仪表反应的要求,按百分比输出。百分比刻度用于线性或平方率反应的变送器。

- 线性反应变送器

1. 如需要,按 MCAS SOURCE 选择 SOURCE 模式。

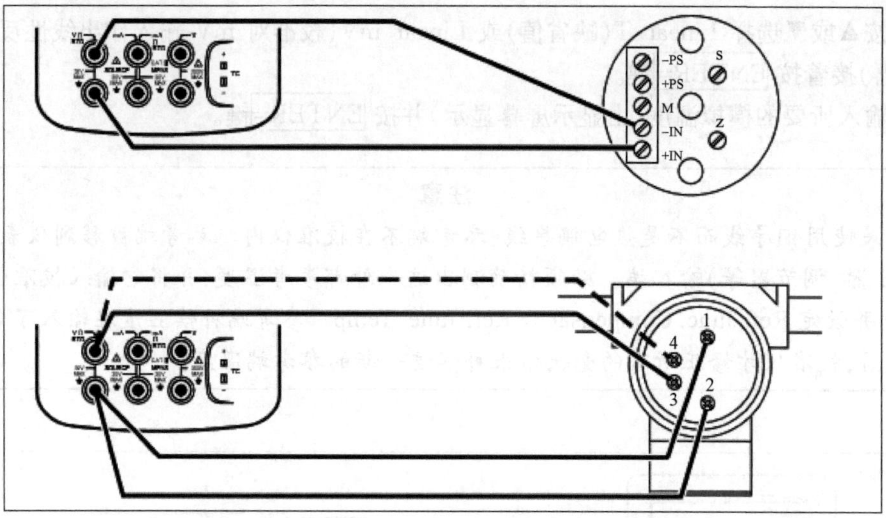

图 1-18 模拟(RTD)的连接

2. 按先前要求选择信号源功能(mA,V—,V～,欧,TC/RTD,或者压力)并输入值。
3. 按“Scale”功能键。
4. 从菜单中选择%。
5. 用数字键盘输入 0%对应的刻度值。
6. 按 ENTER=键。
7. 用数字键盘输入 100%对应的刻度值。
8. 按“Done”功能键。

刻度百分比可有效地保留到改变输出功能或者再按 Scale 软键选择另外的刻度模式之前。

● 平方根反应变送器

当在尺度设定下选择根号,校准仪的输出值是输入的百分值,平方,并转变为工程单位。

1. 如需要,按 MCAS SOURCE 键选择 SOURCE 模式。
2. 按先前要求选择信号源功能(mA,V—,V～,欧,TC/RTD,或者压力)。
3. 按“Scale”功能键。
4. 从菜单中选择根号。
5. 用数字键盘输入 0%对应的刻度值。
6. 按 ENTER=键。
7. 用数字键盘输入 100%对应的刻度值。
8. 按 ENTER=键。
9. 按“Done”功能键。

刻度百分比可有效地保留到你改变输出功能或者再按“Scale”软键选择另外的刻度模式之前。

● 步进和斜坡输出

这两个特点用于调整除压力(压力需使用外部压力源)以外信号输出功能。

1. 用▲或▼键或在自动方式下调整步进输出。
2. 选择连续性输出或电压往返检测的斜坡输出。

- 手工步进输出

手工步进输出特点是以工程单位(mV、V、mA、℃等)或刻度的百分比来选择步长。刻度百分比的步进输出用于0%和100%(步长=100%)快速跳跃或0~50%~100%(步长=50%)步进输出可以工作在SOURCE和MEASVRE/SOURCE模式。请按下列步骤选择步长。

1. 参见使用手册前面(即“输出电参数信号”)并连接校准仪与被测电路。
2. 如需要,按 MEAS SOURCE 键选择SOURCE模式。
3. 设定所希望的输出值。
4. 如若设定百分比步长,应按前面所述在“刻度百分比信号”进行刻度值百分比的设定。
5. 按“Step”功能键。
6. 以屏幕显示的单位,用数字键盘输入步长。
7. 按“Done”功能键。
8. 现在你可以通过▲或▼键调整步进输出。

- 自动步进输出

为使校准仪进行连续自动步进输出,一次或多次,过程如下:

1. 参见使用手册前面(即“输出电参数信号”)并连接校准仪与被测电路。
2. 如需要,按 MEAS SOURCE 键选择SOURCE模式。
3. 设定所需要的输出值。
4. 如若设定百分比步长,应按前面所述在“刻度百分比信号”进行刻度值百分比的设定。
5. 按“Step”功能键。
6. 按“Auto Step”功能键。
7. 在显示提示下,选择下列参数值。

a. 开始点(单位或者刻度百分比)
b. 完毕点
c. 步数
d. 每步时间
e. 一次或多次反复
f. 如果连续,选择平滑方式
g. 延迟开始

8. 按“Start Step”功能键,开始自动步进,功能键表示变为“Stop Step”。
9. 按“Stop Step”功能键,停止自动步进。
10. 按“Done”功能键,恢复正常操作。

- 斜坡输出

斜坡输出就是对输出信号值上升或者下降进行扫描输出。使用斜坡特性可以检查极限开关或报警,或任何时候下平缓增加或降低输出。可以工程单位(mV、V、mA、℃等)或以%尺度的斜坡上升或下降。

在斜坡期间,输出每秒可调整4次。步长由所选择终点和斜坡时间确定。例如:设定1 mV至1 V的斜坡10 s,那么输出步长大约为25 mV。

斜坡输出一直持续到极限为止,或一直到所选往返条件的交会点。往返检测是按如下方式工作的。斜坡期间,校准仪对1 V直流电压变化或连续状态变化(Open或Short)变化进行检查,其时间间隔为 1/4 s。

按下列步骤进行斜坡选择(即:信号扫描)

1. 参见本手册前面(即“输出电参数信号”),按图 1-19 所示连接校准仪与被测电路;

2. 如想要自动停止往返条件检测的斜坡,请连接电压往返电路至 V MEAS 插孔或连续性往返电路至 mA Ω RTD MEAS 插孔,(当校准仪用来输出电流信号时不可用连续性检测);

3. 如需要,按 MEAS SOURCE 键选择 SOURCE 模式。

4. 按先前所述设定所希望的信号值。

5. 如想要百分比斜坡输出,按先前所述在“刻度百分比信号”设定百分比刻度。

6. 按“More Choices”功能键。

7. 按“Ramp”功能键,显示屏幕变化如图 1-19 所示。

SOURCE RAMP
Enter Start Value
Start Value ????????mA
End Value ????????mA
Ramp Time ?????seconds
Trip Detect Disableda
Trip Function V DC

Abort			Done

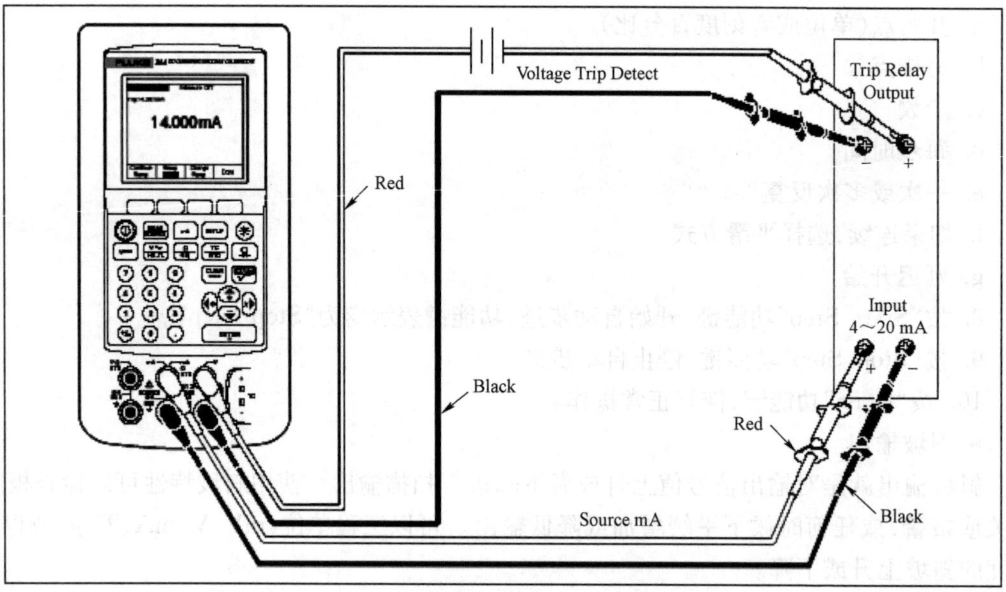

图 1-19 检测继电器输出的往返报警

8. 按需要填入参数,输入 Start Value(初值),=End Value(终值)和 Ramp time(斜坡时间)。

9. 如想要自动停止往返条件检测的斜坡,设定 Trip Detect(往返检测)至 Enabled(允许),并选择 Voltage 或 Continuity 作为往返功能。

10. 按“**Done**”功能键,注意 **RAMP** 指示在显示屏幕上部靠着 **SOURCE** 状态条。

11. 用“**Ramp Up/Down**”功能键,选择低→高或高→低斜坡。

12. 按“**Start Ramp**”功能键,启动斜坡。

13. 斜坡输出一直持续到往返检测(如允许)结束,斜坡时间走完,或按“**Stop Ramp**”功能键。

1.1.13　HART 功能操作

● 简介

HART 仪器由三个不同的部分组成(见图 1-20)。正确的 HART 校准可能涉及传感器调节(Sensor Trim)及输出调节(Output Trim)之一或者二者都涉及。不使用校准器而调节量程值(Range Value)(LRV 和 URV)并不是校准。而忽略输入部分来进行输出调节也不是正确的校准。如果 PV 和 PVAO 没有用于过程控制,对于在 4～20 mA 模拟模式下工作的仪器来说,使用一台校准器来调节量程值可能是一种实际的校准替代方法。

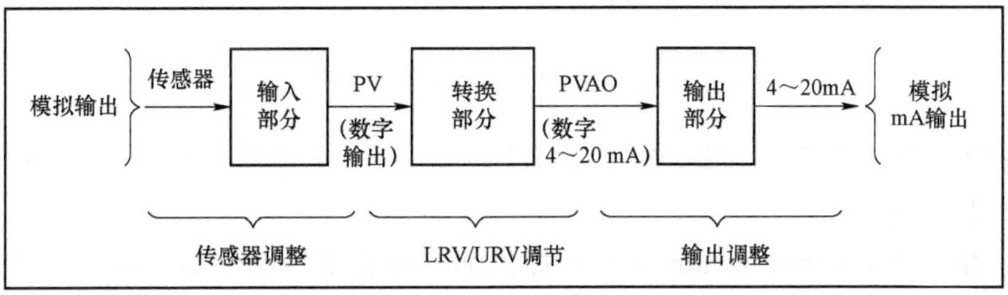

图 1-20　HART　仪器组成

a. 新的工具使校准工作做得更快

当前,仪器维护的工作已经走出了实验室,进入到现场。这样就可以减少生产过程的中断,避免了把仪器送回车间所需要的时间和费用。便携式的通讯装置(Portable communicator)和校准器常常一起使用,以完成现场校准的工作。然而,人们希望携带更少的设备在现场进行维护工作的愿望产生了对新型校准工具的需求。

b. 不需要通讯装置

回路校验仪(FLUKE 744 型)不需要另外的仪器或通讯装置就能进行每天的 HART 校准和维护工作。它能支持很多常见型号的 HART 变送器,比任何其他 HART 现场校准器具有更多的设备专用的特殊命令支持。FLUKE 744 型信息显示如图 1-21 所示。

1. 询问 HART 设备以确定其类型、制造厂家、型号、标识 ID、PV 和 PVAO。

2. 对选定的设备进行自动的 HART 传感器调节和输出调节。

3. 调节量程(ranging)、阻尼(damping)和其他的基本过程结构设置值(basic process-configuration setting)。

4. 读和写 HART 标志(HART tag)和消息域(message field),以便对智能变送器重新设定标志(re-lable)。

5. 按照基本的 HART 结构数据,克隆另外的变送器。

c. 多种 HART 协议支持

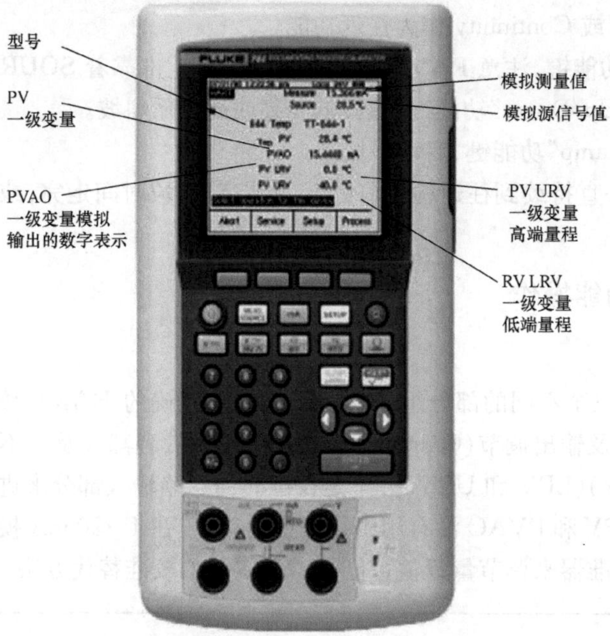

图 1-21 回路校验仪(FLUKE 744 型)信息显示

回路校验仪(FLUKE 744 型)支持 HART V5.7 命令。借助 2 MB 内存,还可支持相当多的 HART 指令集。

1. 基本命令(Universal commands)—提供那些所有现场器件都支持的功能,如读取厂家和型号信息,读一级变量 PV(primaryvariable)。读电流输出和满量程的百分比。

2. 一般命令(Common practice commands)—提供大多数现场器件都支持的功能,如读多变量(Multiple variables),设置时间(Damping time),或进行环路测试。

3. 设备专用命令(Device-specific commands)—提供某个特殊现场器件才具有的功能。例如传感器调整(Sensor Trim)。

- 操作菜单树简介

a. 接线

采用 Hart 智能终端可在控制室,现场及回路的任一点处与变送器通讯。连接点与电源之间必须具有一个至少 250 Ω的电阻与变送器并联。

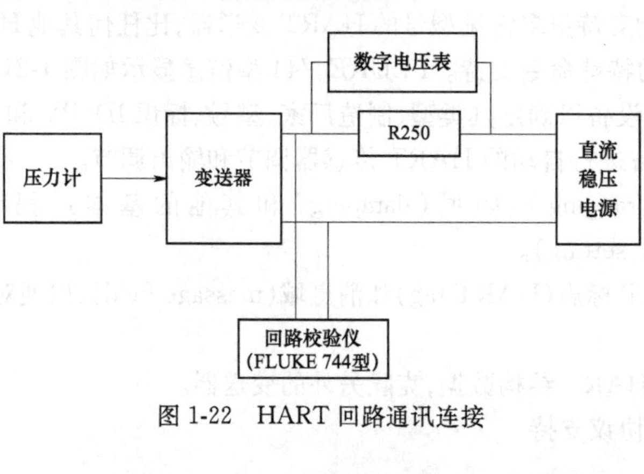

图 1-22 HART 回路通讯连接

b. 在线通讯条件

通讯回路要求:

1. 电压:16.4～42 V DC
2. 电阻:250～600 Ω(含电缆电阻)
3. 电缆最小尺寸: ϕ0.51 mm

c. 菜单树

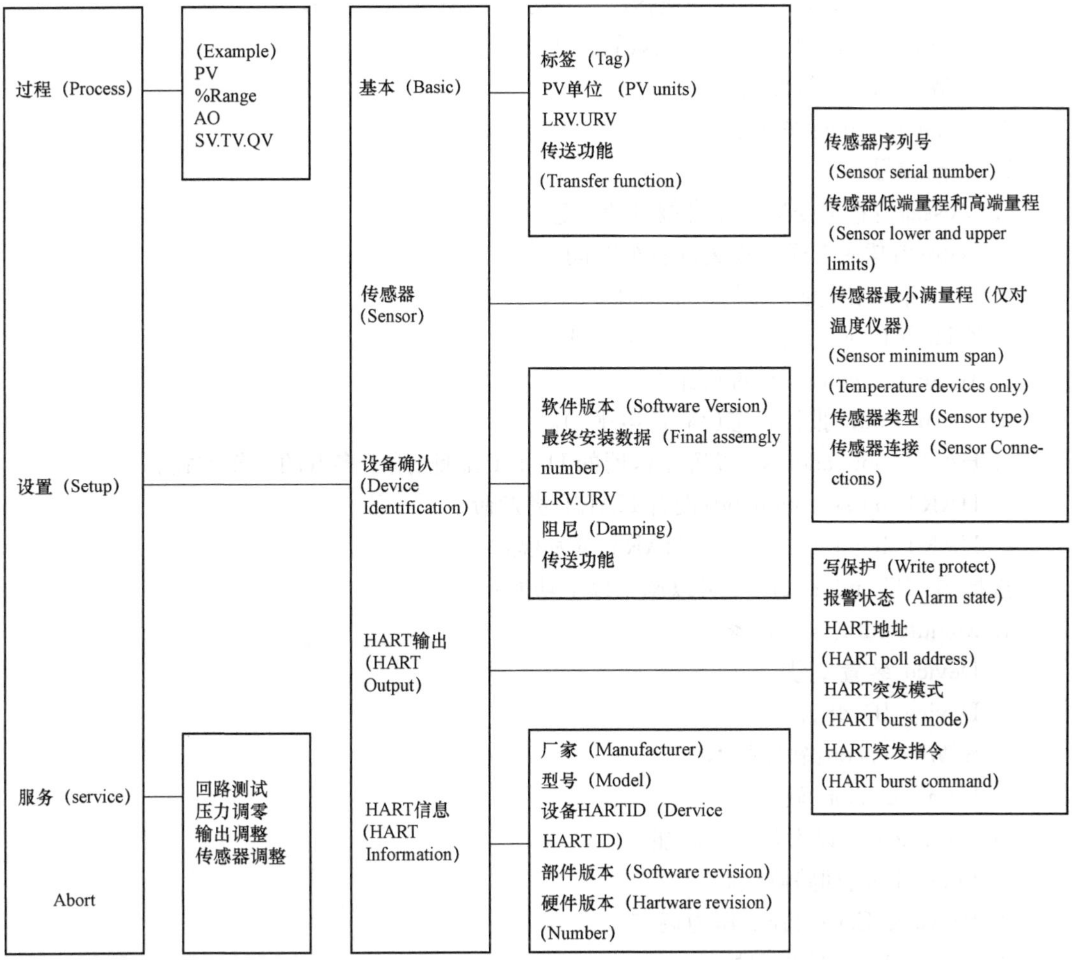

图 1-23　HART 菜单树

选择 BASIC,可以通过回路校验仪(FLUKE 744 型)设置以下功能:(显示信息可能因变送器的不同而不同)

1. TAG:位号。
2. PV UNIT:主变量单位。
3. Lower Range Value:量程下限值。
4. Upper Range Value:量程上限值。

5. Damping:阻尼时间。
6. Transfer Function:转换模式。

选择 sensor,可以设置以下功能:

1. sensor serial number:了解变送器序列号。
2. sensor lower and upper limits:读取变送器的低端和高端量程极限值。
3. sensor minimum span:了解变送器的最小量程。
4. sensor type:设置变送器模式,设置回路校验仪(FLUKE 744 型)为 K 型热偶工作模式。
5. sensor connection:选择变送器的连接方式(2,3 线或 4 线)。

选择 Device Identification,可以设置以下功能:

1. S/W version:软件版本。
2. Serial number:序列号。
3. Tag:位号。
4. Message:希望变送器随身携带的信息。
5. Date:希望对变送器设置的特征时间。
6. Descriptor:对变送器的一个描述。

选择 HART output,可以设置以下功能:

1. Write protection:是否写保护。
2. Alarm state:报警状态(高/低电平?)。
3. HART poll address:设置变送器的 HART 地址,用于多点的工作方式。
4. HART burst command:设置 HART 突发命令。
5. HART burst mode:设置 HART 突发模式。

选择 HART information,可以浏览以下功能:

1. Manufacture:生产厂家。
2. Device:装置型号。
3. Device ID:装置 ID。
4. S/W revision:软件版本。
5. H/W revision:硬件版本。

选择 service,可以设置以下功能:

1. Loop Test:回路测试。
2. Pressure Zero Trim:压力调零。
3. Ouput Trim:输出调整。
4. Senson Trim:传感器调整工作。

变送器校验

测量/输出同时工作模式

使用 MEASURE/SOURCE 方式校准过程仪表,按 MEAS SOURCE 以便得到分离的显示屏幕(见图 1-24)。

MEASOURE 8.005 mA			
SOURCE　　TC Type K 150.0 ℃ Int. Ref. 24.6 ℃　ITS-90　5.154 mV−			
AsFound	Step	Save	MoreChoices

图 1-24　分离的显示屏幕

表 1-4 所示为不带回路电源的功能。表 1-5 所示为带回路电源的功能。

在 MEASURE/SOURCE 模式方式可以使用步进或者自动步进特性调整输出或使用提供的或者按 AS Found 功能键时校准程序。

下面两个在 MEASURE/SOURCE 模式中显示的功能键用于校准过程仪表。

1. As Found,使你设置常规校准程序以获得并记录调整前的数据。
2. Auto Step,使你设置自动步进,如前所述。

表 1-4　不带回路电源的同步测量/输出功能

测量功能	输出功能						
	dc　V	mA	频率	Ω	TC	RTD	压力
dc　V	·	·	·	·	·	·	·
mA	·		·	·	·	·	·
ac　V	·	·	·	·	·	·	·
频率(≥20 Hz)	·	·	·	·	·	·	·
低频率(<20 Hz)							
Ω	·		·	·	·	·	·
连续性	·		·	·	·	·	·
TC	·	·	·	·	·	·	·
RTD	·		·	·	·	·	·
3 线　RTD	·		·	·	·	·	·
4 线　RTD	·		·	·	·	·	·
压力	·	·	·	·	·	·	

表 1-5 带回路电源的同测量/输出功能

测量功能	输出功能						
	dc V	mA	频率	Ω	TC	RTD	压力
dc V	·		·	·	·	·	·
MA	·		·	·	·	·	·
Ac V	·		·	·	·	·	·
频率(≥20 Hz)	·		·	·	·	·	·
TC	·		·	·		·	·
压力	·		·	·	·	·	

● 校准智能温度变送器

当校准仪处于组合 MEASURE/SOURCE 模式时，按 As Found 功能键，内部校准程序被启动。(**As Found** 数据是变送器校准前的测试结果)。此外还可用软件设置校准程序。

a. 产生调整前测试数据(As Found)

下例说明如何对一台热电偶温度变送器产生 AS Found 数据。你所设置的过程方式与 Detta-P，1 Pt 和 2 Pt 的开关测试相同。在本例中，校准仪可模拟热电偶的输出并测量来自变送器的输出电流。其他变送器也使用同样的方法。在按 AS Found 之前，请返回到 MEASUREMENT 和 SOURCE 模式操作改变参数。

1. 按图 1-25 所示，将测试线连至被测试仪表。同时模拟热电偶和测量相应的输出电流。

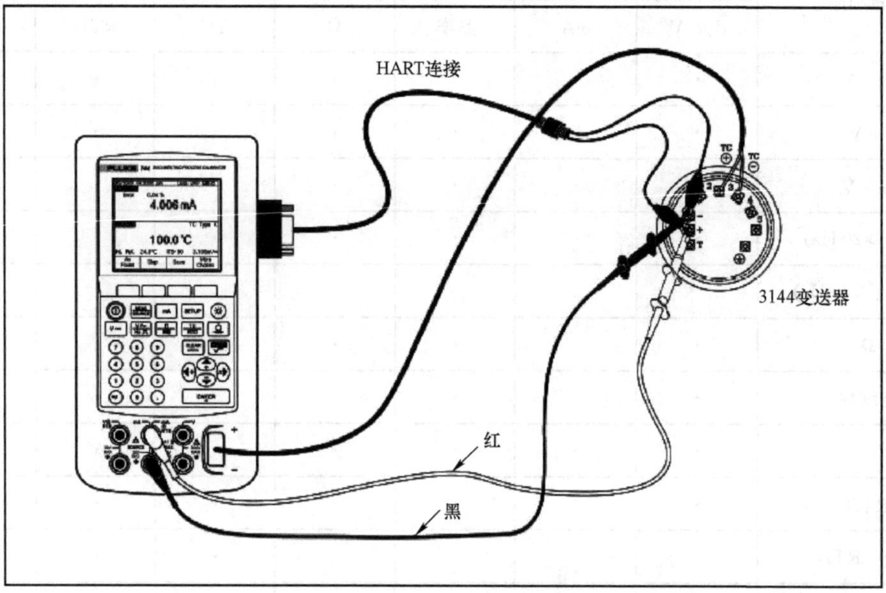

图 1-25 将测试线连至被测试仪表

2. 如需要，按 MEAS SOURCE 键选择 MEASURE 模式。

3. 按 mA 键。

4. 按 MEAS SOURCE 键选择 SOURCE 模式。

5. 按 TC RTD 键。

6. 使用▲或▼键选择热电偶类型，然后按 ENTER= 键。

7. 输入温度值，例如 100 ℃，然后按 ENTER= 键。

8. 按 MEAS SOURCE 键选择 MEASURE/SOURCE 模式，显示屏幕变化如图 1-26 所示。

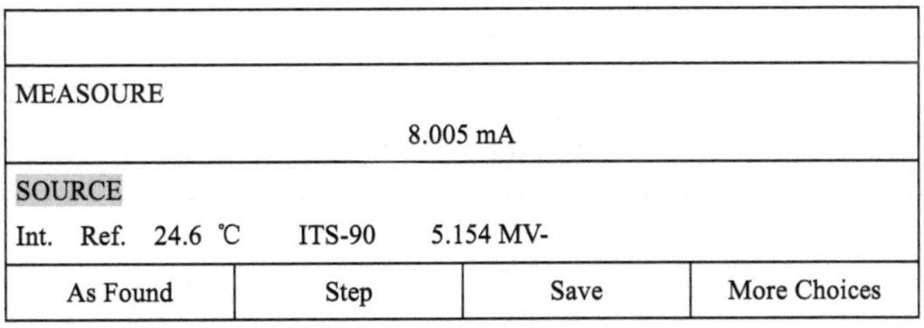

图 1-26　选择 MEASURE/SOURCE 模式显示屏幕变化

9. 按“AS Found”功能键，显示屏幕变化如图 1-27 所示。

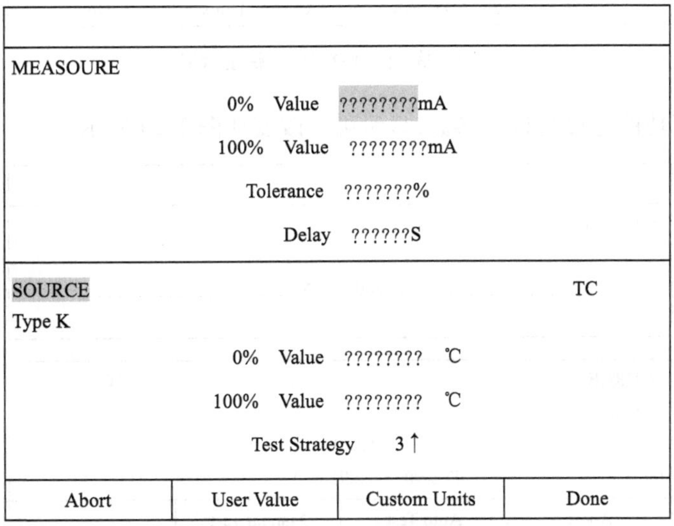

图 1-27　按 AS Found 显示屏幕变化

10. 分别输入 4.0 mA(对应 0%)和 20.0 mA(对应 100%)的数值，设定误差为量程的 0.5%(根据需要可设定其他值)。

11. 如果过程仪表的稳定时间比校准仪正常稳定时间(大约两秒)要长。那么在每一个新激励水平时，都要输入“Delay”作为延迟时间。

12. 用方向键移动光标输入 0%和 100%对应的输出温度值。本例使用 100 ℃和 300 ℃。

13. 如果仪表校准过程需要在每一步手工输入测量值或输出值，按“User Value”功能键启动用户输入值功能。

Custom Units 可以定义自己的单位，诸如“Ph”见“设置用户定义的测量单位”。

当使用用户单位，“！”符号将在显示值的旁边和结果中出现。

在已设置自己的用户单位后，按“Done”功能键。

1. Strategy 是对测试点的点数和测试点以刻度百分比形式完成上升和下降进行选择。本例使用 5 点(0%，25%，50%，75%，100%)，仅取上升形式。上升由显示屏幕上升箭头指示。在这一面按 ENTER= 键可改变另一种测试方法。并从列表中进行选择，选好一项，然后按“Done”功能键。

2. 完成选择校准参数时，将出现以下显示屏幕，如图 1-28 所示。

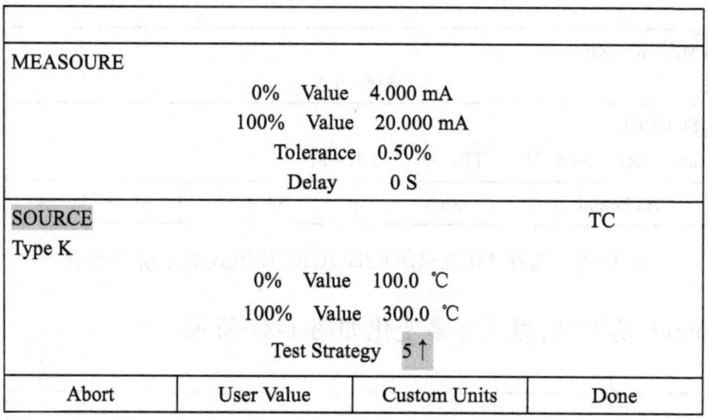

图 1-28 完成选择校准参数显示屏幕

3. 按“Done”功能键接受校准参数，显示屏幕改变如图 1-29 所示。

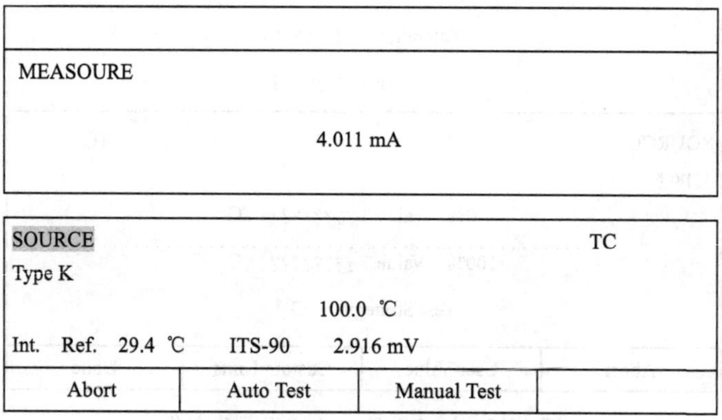

图 1-29 接受校准参数显示屏幕

4. 至此，你可选择启动自动测试或手动对各个测试点一步一步进行。按“Auto Test”功能键可使校准仪自动地通过全部测试点(“Abort”键为退出校准程序)。测试从零点开始，发出标准的温度(电压)信号并测量变送器相应的电流输出。测量一经结束记录就完成，校准仪转到下一步。因为校准仪会等待被测量信号稳定，所以自动测试最适合对带有内部阻尼的仪表测试。测量值的误差将在测量窗口的在上端显示。

5. 校准仪移动至其他的设定测点上。对于温度及电参数的校准，这些会自动完成。如果做压力信号输出，则校准仪在每一步作暂停以便调整压力源。当测试完成时，图 1-30 给出的误差汇总表会显示出来。

Source	MEASURE	ERROR%	
100.0 ℃	3.904 mA	−0.60	
150.0 ℃	7.965 mA	−0.22	
200.0 ℃	12.053 mA	0.33	
250.0 ℃	16.094 mA	0.59	
300.0 ℃	20.175 mA	1.09	
Abort	Prev Page	Next Page	Done

图 1-30 误差汇总表

6. 在汇总的结果上超差的部分将被显亮标出。在本例中有三点超差故需调整。这些误差超出了给定的 0.5%误差范围。

7. 可以按“Done”功能键保存数据或按“Abort”功能键删掉数据并重新启动。

保留的数据可以通过“Review MEMORY”功能键调出以备以后检查。可以用相关软件将数据下载。

b. 调整变送器

按下列步骤对变送器进行校准调整。

(请参考变送器制造厂说明,找出调整、控制和连接点)

1. 检查结果表时,按“Done”功能键。

2. 按“Adjust”功能键,校准仪输出 0%(此例为 100 ℃)信号并显示出如下菜单。

(1) Go to 100%Go to 0%

(2) Go to 50%

(3) AS Left

(4) Exit Cal

3. 调整变送器输出至 4 mA 然后按 Go to 100%键。

4. 调整变送器输出至 20 mA。

5. 步骤 4 为量程调整,须返回重复步骤 3 和步骤 4,直到无须调整为止。

6. 现在检查变送 50%这一点。如符合要求,调整即告结束,否则,须调整线性并重新开始步骤 3 的调整。

c. 调整后的测试数据(As Left)

按下列步骤对已调整的热电偶温度变送器产生并记录 As Left(调整后的)数据;

1. 按“As Left”功能键记录已调整的数据;

2. 按“Auto Test”功能键,开始依次对所有测试点自动测试,或手动方式一步一步测试。

3. 当测试完成后,观察误差汇总表,如表 1-6 所示。

表 1-6 调整后测试数据误差表

SOURCE/℃	MEASURE/mA	ERROR%	
100.0	3.966	−0.21	
150.0	7.991	−0.05	
200.0	12.029	0.18	
250.0	16.023	0.14	
300.0	19.983	−0.10	
Abort	Prev Page	Next Page	Done

4. 当测量被进行时，测量或输出值旁的星号表示信号不稳定(波折指示)。

5. 如果所有测试结果都落在指标要求以内，按“Done”功能键调整后的数据则存入存储器。

d. 测试说明

使用计算机和相应的应用软件，校准仪可进行校准程序设置，在执行测试时，将显示提示。当提示显示时，按▲或▼和ENTER键，选择某一提示并和测试结果一同存贮。

1. 校准智能差压变送器

a. 基本连接

这个例子假定变送器与过程隔离，并且在电气上不连到回路电源(loop power supply)。按照图 1-31 中的电路进行 3051 变送器的基本连接。HART 通讯连接的极性正反关系不大。由于回路校验仪(FLUKE 744 型)经过其 mA 插口已经在 24 V 回路电源中串联了一个电阻器，所以不需要再单独使用 250 欧姆电阻器。在此例子中 3051 变送器设置为使用 psi 单位。

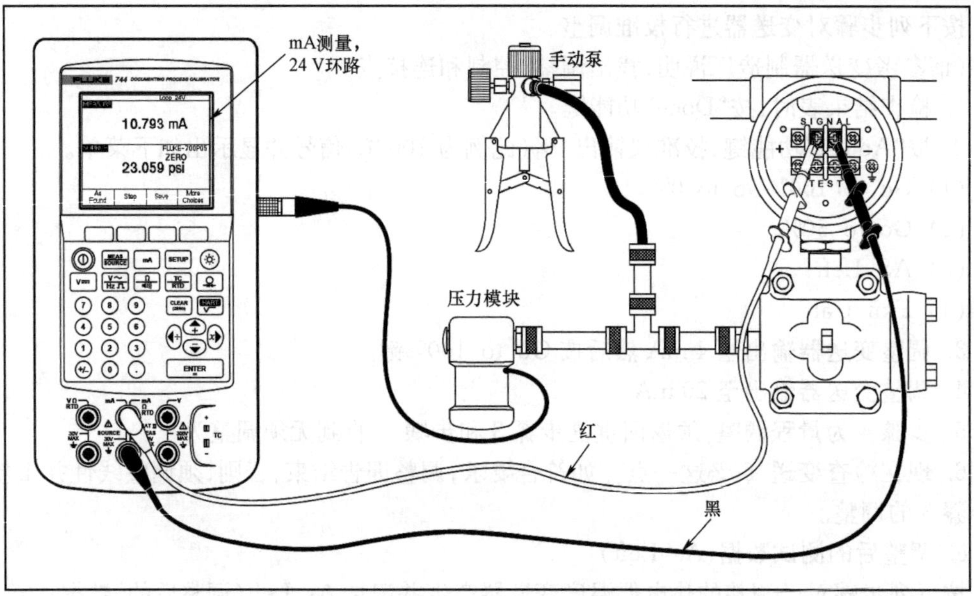

图 1-31 3051 变送器连接

b. 步骤

1. 接通 FLUKE 744 型校准器。按红色的HART键，再按“LOOP POWER”软键，回路校验仪(FLUKE 744 型)将显示 3051 变送器的基本 HART 信息(见图 1-32)。

2. 再按HART键，仪器将提示你选择回路校验仪(FLUKE 744 型)的设置(见图 1-33)。选择 MEAS mA，SOURCE psi 将设置校准器测量模拟 mA 输出和同时加到变送器输入及压力模块上的压力。选择 MEAS PV，SOURCE psi 将设置回路校验仪(FLUKE 744 型)评估来自变送器的数字 PV 输出。按ENTER进行选择。

3. 打开压力管线(Vent the pressure line)，按CLEAR键，对压力模块进行调零。按 AS FOUND(校前测试)软键，再ENTER键，选择 Instrument 以进行线性变送器校准。(如果

3051变送器设置为平方根输出,则选择根号Instrument)。注意,除误差外校准参数设置会自动完成。填入适当的测试误差值,然后按 Done。

02/15/99 02:31:54 pm Loop 24 V			
HART	Measure	4.484 mA	
	Source	Off	
	3051 P13579 3		
	PV 0.153 0 psi		
	PVAO 4.487 0 mA		
	PV LRV 0.000 0 psi		
	PV URV 5.000 1 psi		
Select operation for this device			
Abort	Service	Setup	Process

图 1-32 3051 变送器 HART 信息

02/15/99 02:36:05 pm Loop 24 V			
HART	Measure	4.485 mA	
P13579 3	Source	Off	
Select calbrator mode of operation			
	Don't change calbrator mode		
	MEAS mA, SOURCE psi		
	MEAS PV, SOURCE psi		
Abort			

图 1-33 回路校验仪(FLUKE 744 型)设置

4. 按 Manual Test 软键,开始校准。按照 SOURCE 屏幕上的指令施加输入压力。当对每个点加上正确的压力时,按 Accept Point 软键。测试完成以后,显示误差一览表(见图 1-34)。超过误差的测试误差用加亮方式显示出来。查看完此一览表以后,按 Done 软键。再按Done软键,以接受该结果,或者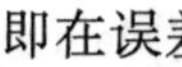键以修改标签(tag)、序列号(serial number)或ID域(ID field)。

5. 如果 AS Found 测试失败(即在误差一览表中有加亮误差显示),则需要进行调节。按 Adjust 软键。选择 Sensor Trim,并按。(不要选择 Pressure Zero Trim,它和在零点调节传感器低点是一样的,这对于不提供传感器调节的压力变送器是有用的)。FLUKE 744 型的屏幕看起来应像图 1-35 所示。

6. 选择 Perform user trim-both,并。按对压力模块进行调零(接到大气-vented to atmosphere)。按"Continue"软键,仪器将提示你输入低调节值(Lower Trim value)。为取得最好的效果,施加 LRV 压力并按"Fetch"键以装入由压力模块确定的被测值。按

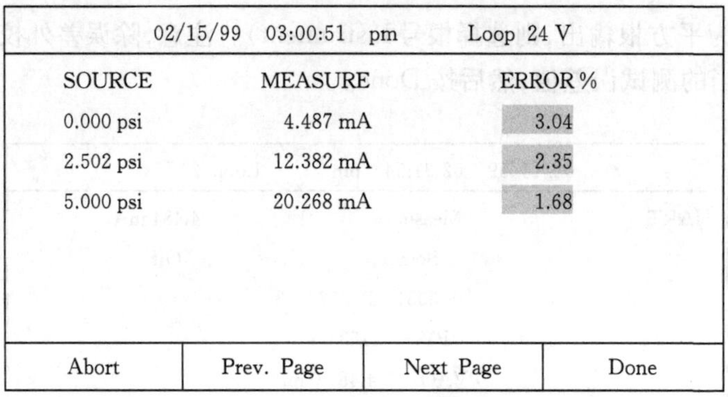

图 1-34 显示误差一览表

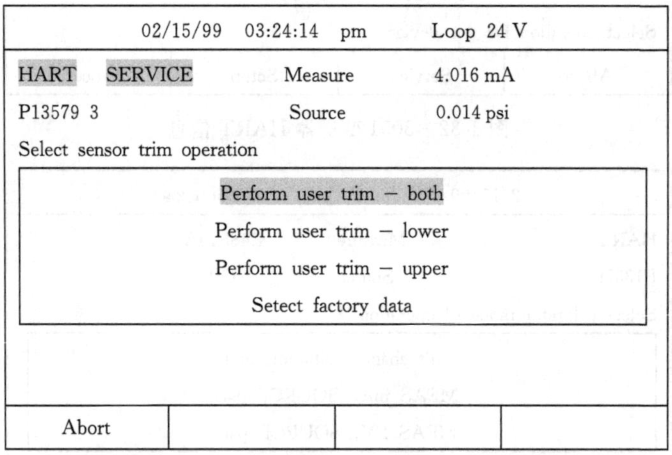

图 1-35 回路校验仪(FLUKE 744 型)显示屏幕

"Trim"键,然后按"Continue"键以转向高端调节(Upper Trim)。和上面一样,施加 URV 压力,按 Fetch,再按 Trim。如果 3051 变送器使用的时数字 PV 输出,则跳至下下步,进行 As Left test(剩余测试)。如果过程中使用的时 4～20 mA 的模拟输出,则继续进行下一步。

7. 选择 Output Trim,并按键。主变量(PVAO)的数值将出现在显示屏的右上角。这通常是一个 4 mA 的信号。回路校验仪(FLUKE 744 型)当前测量的 mA 值(一个不断变化的值)出现在屏幕的中心位置。按"Fetch"软键以装入被测的 mA 数值。按"Send"键将该值发送给 3051 变送器,以便按 4 mA 的数值来调节其输出部分。按 Continue 以进行 20 mA 的调节,并重复上述步骤。

8. 完成输出调节以后,按"Done"软键,并进行校准后验证测试(As Left Verification test)。按"As Left"软键,按"Done"键,然后在按"Manual Test"键。加入需要的压力,当读数稳定时,再按"Accept Point"键。这些步骤完成以后,仪器将显示一个误差一览表。如果其中没有误差出现加亮状态(见图 1-36),3051 变送器就通过了校准测试。如果屏幕上有加亮的误差显示,则测试失败,并需要进行进一步的调节。返回之前的步骤对 3051 变送器再进行调节。

● 校准平方根号仪表

校准差压流量仪的过程与刚才描述的校准其他仪器的步骤大致相同,有如下几点差别:

02/15/99　03:58:40　pm		Loop　24 V
SOURCE	MEASURE	ERROR %
0.001 psi	3.999 mA	−0.03
2.500 psi	11.997 mA	−0.02
5.000 psi	19.998 mA	−0.01

Abort	Prev. Page	Next Page	Done

图 1-36　误差一览表

1. 在调整前(As Found)的校准测试完成后平方根输出就会自动启动。
2. 以工程单位显示测量/输出值。
3. 测量百分比将被自动改成变送器的平方根响应,并用于计算仪器的误差。
4. 当你按"As Found"功能键之后,在菜单中选择平方率过程仪表。

● 存储器操作

保存结果:As Found/As Left 测试结果在每次测试完成后被自动保存。在 MEASURE 模式,SOURCE 模式或 MEASURE/SOURCE 模式期间,须按"Save"键来保存数据以备以后检查用。

在你按 Save 后,校准仪保存显示屏幕的信息并显示保存结果的索引号,日期和时间,并显示出存储器已被占用的百分比。如图 1-37 显示屏幕。

Press Continue to Input Tag ID Item Saved 28 05/23/96　12:56:24 pm Memory Avaliable 44.8%

Abort		Continue	Done

图 1-37　保存结果

如果想要增加信息,校准仪有一种方法使你这样做。请按 Continue 功能键,显示屏幕提示你输入仪表位号标志(Tag)、仪表系列号(S/N)和操作者姓名(ID),如图 1-38 所示。

MEASURE
Press ENTER to Change Tag　?????? S/N　?????? ID　??????

Abort			Done

图 1-38　按 Continue 功能键

可使用字母数字或校准仪按键在光标区域内输入字母或数字。

将光标移至你希望改变的项目(例如上述的位号)通过按 ENTER= 键输入字母。显示屏幕显示如图 1-39 字母输入窗。

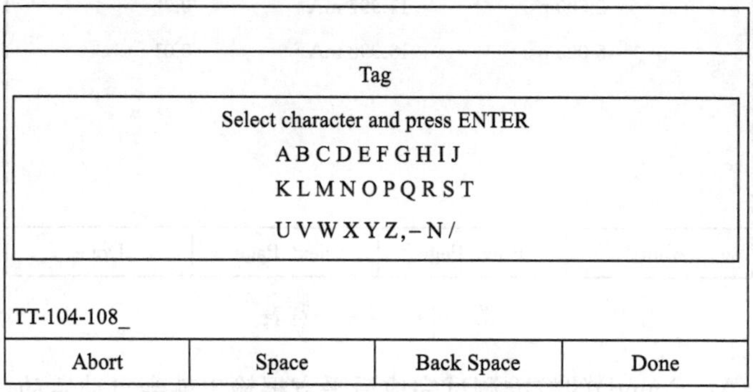

图 1-39 字母输入窗

1. 直接用数字键盘输入数字,移动光标并用▲,▼,左键和右键输入所希望的字母或空格并按 ENTER= 键或按“Space”键。

2. 当所需的内容全部显示在字母窗下部时按“Done”功能键。

● 检查存储内容

连续按“More Choices”功能键直至 Review Memory 出现,然后按“Review Memory”功能键调出并观察存储结果。

当按“Review Memory”功能键时,屏幕改变如图 1-40 所示。

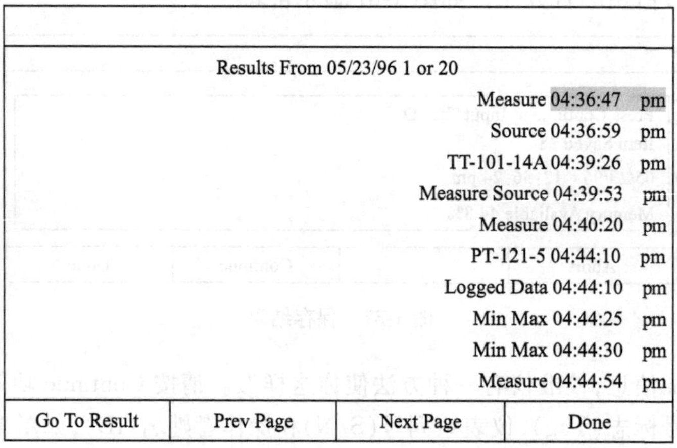

图 1-40 按 Review Memory 功能键

按▲、▼ ENTER= 键或 Go to Result 功能键观察存储结果。

● 数据记录

可以记录一系列的测量并用应用软件将数据传送至 PC。你可以存 8 000 读数,存储多少取决于读数速率,工作时间和用于其他用途的存储器有多少。你可以输入读数速率和工作时间,如图 1-41 所示。

MEASURE LOG			
Press ENTER to Change			
	Reading Rate		20/min
	Duration		10
minutes			
	Number of Points		200
	Memory Available		28.5%
Abort			Done

图 1-41 数据记录

按下列步骤进行数据记录操作:

1. 如需要,按 MEAS SOURCE 键选择 MEASURE 模式。
2. 按 More Choices 功能键。
3. 按 Log 功能键。
4. 出现列表,从中选择读数速率(1、2、5、10、20、30 或 60 读数每分钟),使用▲或▼键选择读数速率。
5. 按 ENTER= 键。
6. 按▼移动光标至 Duration。
7. 使用数字键盘输入工作时间,随后按 ENTER= 键。最大工作时间取决于读数速率和用于记录数据所用存器的多少。假定存储器不用作其他用途,表 1-7 给出工作时间极限的推算。

表 1-7 工作时间极限推算

读数/分钟	最大读数(最小)	大约时间/h
1	8 000	133
2	8 000	66
5	8 000	26
10	8 000	13
20	8 000	6
30	7 980	4
60	7 980	2

警告

长时间记录工作可能超出电池使用时间,使用新电池和适当的工作时间或选用外部电源以避免长时间工作而电源能量不够。

8. 在输入工作时间后,就可看到占用了多少存储器。见显示屏幕上 Memory Used 和 Memory。

Remaining 百分比数字。Memory Used 指出了记录占用存储器的百分比。Memory

Remaining 指出了在记录完成后还有未曾使用的存储器百分比。

9. 按“Done”功能键，显示屏幕改变如图 1-42 所示。

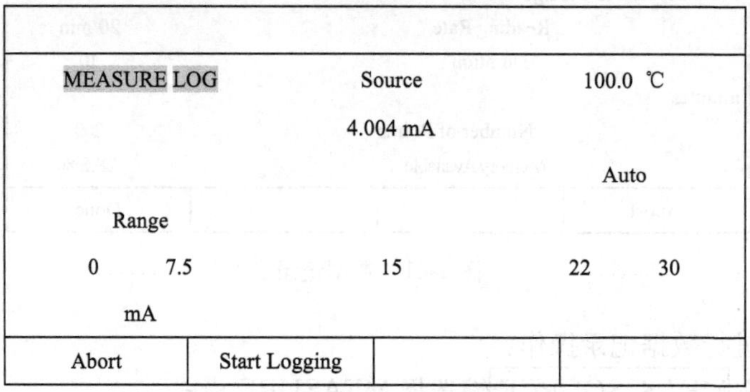

图 1-42 按 Done 功能键

10. 注意 LOG 报警器靠 Measure，按 Start Logging 功能键启动记录数据；

11. 校准仪连续存储数据直到工作时间用完，或直接按“Done”功能键为止。任何终止记录的方法都会使校准仪保存数据并用适当的应用软件将数据送入 PC 机软件。

- 记录最小和最大测量值

可以设定显示屏幕来记录和显示最大和最小读数。最小和最大读数总是不用稳定读数功能的，即使是在该功能打开时，按“More Choices”功能键两次，然后按“Min Max”功能键打开这一特性。按 CLEAR(ZERO) 功能键使最小最大复位。再按“Min Max”键转到正常显示屏幕。图 1-43 显示的屏幕为最小最大值工作时的情况。

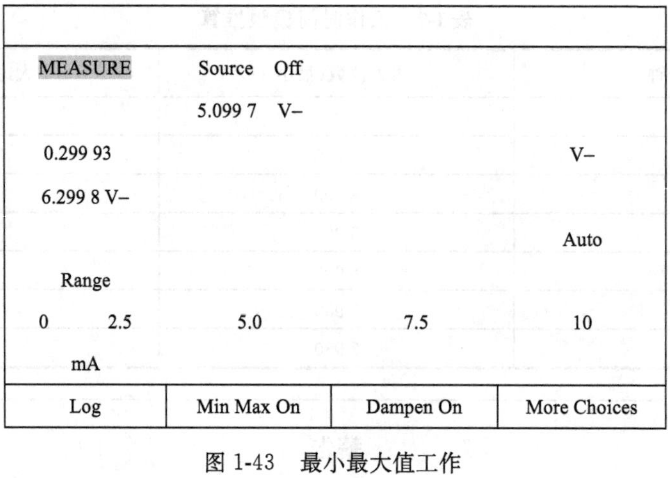

图 1-43 最小最大值工作

- 运行预设置任务

按 More Choices 功能键直至 Tasks 功能键出现，然后按 Tasks 功能键检察任务列表。该任务列表来自 PC 机。该程序是对校准仪进行预先的设置，例如，特定变送器的类型和制造厂，对变送器校准的校准程序，包括全部预定的校准参数(SOURCE/MEASURE 功能，0%和 100%levers 测试方法)。

当操作任务是控制校准仪时，Continue 功能键变成 Continue Task。

- 清除存储器

在 Setup 模式下，选择“Clear Memory”，并按 ENTER= 键清除存储器中的全部内容。

1. Saved results
2. Min Max data
3. Log data sets

一条确认信息出现，以使操作者不因疏忽而误抹存储器。

1.2 模拟体准备

某厂 1 号机组 S1-224 模拟体，模拟体处于可用状态。检查模拟体是否有损坏，核实可否正常动作，以确保教学过程的顺利实施。

1.3 辐射防护准备

某厂 1 号机组 S1-224 模拟体无辐射风险。

1.4 工业安全准备

按照工业安全规定执行，所有人员穿戴劳动保护用品。具体的工业安全准备需根据现场环境而确定，但基本的工业安全需要准备。所有人员必须佩戴安全帽、防砸鞋、工作服、手套等。检修场地使用警示带进行围栏，确保工作过程中无非工作人员进入。

1.5 配合人员准备

需仪控人员配合教员。

1.6 场地准备

清理场地，确保检修场地无其他异物；合理分配场地，确保工具、设备的合理分布，方便检修；在场地外围布置警示带。

第二章 操作实施

2.1 操作内容:使用回路校验仪(FLUKE 744 型)

2.2 操作步骤(例:工单 6085603)

1) 确认工作对象;
2) 检查确认回路校验仪(FLUKE 744 型)有效期;
3) 连接回路校验仪(FLUKE 744 型)与电容式压力变送器校验回路;
4) 设置回路校验仪(FLUKE 744 型)参数;
5) 对压力变送器进行校验,选择合适功能测量数据,并确认测量数据合格;
6) 拆除回路校验仪(FLUKE 744 型)与电容式压力变送器回路;
7) 确认工作完成,清理工作现场。

2.3 工前会

表 2-1 工前会议记录表

		日期:
工作负责人/项目负责人会前需要确认的事项:		
□维修工作包完整齐全	□工作票证齐全	□风险分析全面
□安全措施正确完备并已落实到位	□隔离边界明确	□工具和备品备件齐全
□工作组成员精神状态良好	□个人防护用品和安全用具齐全	
□水、电、气、汽源情况检查,确认试验期间对这些源的使用便利性和安全性		
工作负责人/项目负责人向工作小组成员交代以下事项:		
□工作目的、工作对象、工作范围 □对工作组成员进行工作分工,明确工作地点及作业范围 □工作风险分析及预防性措施		
工作负责人/项目负责人与工作小组成员讨论并记录以下事项:		
程序关键步骤、高风险步骤提示及预防性措施:______		

续表

以往同类工作经验反馈介绍：______ ______ ______
其他事项：______ ______ ______
声明：本人已参加此次工前会并已清楚工前会记录单中的内容及要求，并保证在工作实施过程中严格遵守和执行。 工作组全体成员签字/日期：

说明：

1）工作负责人负责组织并主持召开工前会并完成文件的记录工作；

2）开工前填写完成此表格，未完成或现场无此文件不准开工；

3）工作组全体成员在了解记录单全部内容，并同意工前会声明后签字；

4）记录单中的项目方框涉及就打“√”，没有涉及内容就打“×”；

5）讨论记录事项空间不足可在背面记录，没有涉及请填写“无”。

2.4　实际操作

表 2-2　实际操作步骤

序号	操作步骤	操作要求	工器具	测评标准	备注
1	确认工作对象	根据标定单确认设备		自检/互检确认	
2	检查确认标准仪器	1. 检查标准仪器的有效期 2. 检查标准压力源的气密性 3. 确认标准仪器的供电充足	仪用工具包	1. 确认标准仪器的功能正常、在有效期内 2. 确认标准压力源无泄漏 3. 确认标准仪器的供电充足	
3	连接回路校验仪(FLUKE 744 型)与电容式压力变送器校验回路	1. 连接压力回路 2. 连接电气回路	仪用工具包、标准仪器	1. 确认变送器压力腔室已清洁 2. 确认压力回路连接正确，无泄漏 3. 确认电气回路连接正确	
4	设置回路校验仪(FLUKE 744 型)参数	1. 设置回路校验仪(FLUKE 744 型)，按压力/电流测量的过程进行 2. 设置回路校验仪(FLUKE 744 型)，给变送器供电	仪用工具包、标准仪器	1. 正确完成回路校验仪(FLUKE 744 型)设置 2. 测试回路校验仪(FLUKE 744 型)输出、测量功能正常 3. 确认变送器输出电流正常	
5	对电容式压力变送器进行校验	按标定单对电容式压力进行标定	仪用工具包、标准仪器	1. 按标定单要求对压力变送器进行标定 2. 校验操作正确，标定结果合格 3. 仪表/工具使用正确	
6	拆除回路校验仪(FLUKE 744 型)与电容式压力变送器校验回路	1. 拆除压力回路 2. 拆除电气回路	仪用工具包	1. 卸压、拆除压力回路 2. 断电，拆除电气回路	
7	确认工作完成，清理工作现场	工完料净		模拟实施	

2.5 关键点

在进行使用回路校验仪对电容式压力变送器(工作间)校验过程中,为了保证工作顺利进行,必须注意如下的关键点:

1. 选择合适的回路校验仪功能。
2. 确认电气回路的连接正确。
3. 确认压力回路的连接正确。
4. 使用回路校验仪对压力变送器进行供电时选择合适的电压等级。

第三章　故障检查和处理

常见故障现象、判断方法、原因分析和故障排除方法如下。

见表 3-1。

表 3-1　常见故障现象、判断方法、原因分析和故障排除方法

序号	故障现象	判断方法	故障原因分析	故障排除方法
1	变送器无输出电流	1. 检查回路校验仪供电功能是否正常 2. 检查回路校验仪测量回路	1. 供电功能未提供 2. 回路校验仪测量回路连接错误	1. 正确连接供电电压 2. 正确连接测量回路
2	压力显示异常	检查压力回路及设备的气密性	未选择回路校验仪压力模块功能或连接头/变送器有漏	正确选择回路校验仪功能，紧固压力回路漏点
3	回路校验仪无显示	检查回路校验仪 MEAS/SOURCE 功能设置	回路校验仪 MEAS/SOURCE 功能选择错误	SOURCE 功能选择压力模块功能，MEAS 功能选择 mA 功能

第四章 操作结束

4.1 工后会

工后会是对整个工作的过程的回顾以及必要的经验反馈。

表 4-1 工后总结记录表

工作内容						
工单流水号		设备编码		工作负责人		
计划完工时间		实际完工时间				
序号	检查项目	检查结果				异常情况记录
第 1 部分、工作回顾						
1	工作许可证已归还	是	□	否	□	
2	检修现场清理完成	是	□	否	□	
3	设备标牌清晰无损伤	是	□	否	□	
4	检修任务达到预期结果	是	□	否	□	
5	试验设备和工器具归还完成	是	□	否	□	
第 2 部分、经验反馈						
6	工期安排是否合理	是	□	否	□	
7	工作人员配置充足	是	□	否	□	
8	工作文件准备充分	是	□	否	□	
9	工作人员的检修技能满足要求	是	□	否	□	
10	规程、图纸是否有升版需求	是	□	否	□	
11	库存备件是否需要补充	是	□	否	□	
12	更换下来的旧部件是否需要利旧翻新维修	是	□	否	□	
13	检修过程中出现预期外的现象和报警	无	□	有	□	
14	提交缺陷单、QDR、状态报告等	无	□	有	□	
15	编写良好实践、经验反馈	无	□	有	□	
16	工作中需要协调、改进建议等	无	□	有	□	
17	其他事项：					
工作组成员及 QC 人员签名：						

说明：

1. 工后总结由工作负责人组织并做好记录，原件放在文件包中。
2. 工后总结记录单中每一项都必须打“√”确认，不要遗漏。
3. 如有异常，请详细填写异常情况说明，以及后续处理方案。
4. 其他事项根据讨论情况记录，经讨论没有涉及请填写“无”。
5. 工后总结结束后，全体工作人员签字确认。

4.2 评判

学员对校验过程进行阐述,并说明其中的关键点以及注意事项。教员对学员的陈述简要记录,根据阐述评判学员的掌握情况。教员指出学员阐述过程中的错误以及需要注意的事项,并且依据评判表,对学员的学习情况作出整体评判。

第五章　经验反馈

举例说明：

三厂维修人员借用标准量具时，发现标准量具已过有效期。

1. 事件简述

2013 年 2 月 18 日，三厂燃料操作处维修人员借用两把数显卡尺 271TQ0277，编号：1024649、9060836，在使用之前发现这两把卡尺已过有效期。

2. 原因分析及评价

(1) 本状态报告描述的两把计量器具的管理责任方是维修处，属于维修处资产，但是长期由燃料操作处借用。目前，燃料操作处对于该类型的计量器具由量具管理员进行了管理，并且按照维修处的标定计划统一进行送检。

(2) 编号为 1024649 的数显卡尺，在燃料操作处 2012 年 3 月份的计量器具月度检查中没有找到，经多方查找后未果。燃料操作处量具管理员将该情况于 2012 年下半年汇报给三厂量具管理员。三厂量具管理员在计量器具管理系统中将工具的状态改为“丢失”；同时维修处工具间也在 TEAM 系统中标识为“换料处，丢失”。不过该丢失的数显卡尺还没有申请报废。

(3) 编号为 9060836 的数显卡尺已于 2012 年 8 月 28 日进行标定，该器具处于有效期内；但是在 TEAM 系统标识为“换料处区，禁用”。

(4) 本状态报告描述的主要问题是燃料操作处计量器具。

(5) 管理信息与维修处工具间的沟通不足所致。

(6) 行动建议：

1) 换料维修人员学习本状态报告，明确对于向维修处借用的工器具需尽到信息告知义务。

2) 维修处工具间人员学习本状态报告，对于燃料操作处反馈的工器具 9060836 的数显卡尺信息在 TEAM 系统中修改为有效。

3) 换料维修科将编号为 1024649 的数显卡尺进行报废流程，并将结果反馈至维修处工具间。

第六章　习　题

6.1　填空题(每题3分)

1. 回路校验仪(FLUKE 744 型)可进行(测量)模式、(输出)模式、(测量和同时输出)模式的操作。

2. 回路校验仪(FLUKE 744 型)在(测量)模式下完成电压、电流等电气参数的测量。

3. 回路校验仪(FLUKE 744 型)输出最大直流电压为(15)V。

4. 回路校验仪(FLUKE 744 型)在进行电阻通断测量时当所测环路电阻小于(25)欧姆时校验仪会发出警报声,并且显示屏会显示文字(SHORT)。

5. 回路校验仪(FLUKE 744 型)用(SETUP)键调出外供电源菜单。

6.2　选择题(每题3分)

1. 回路校验仪(FLUKE 744 型)开机后默认的测量状态是(A)。

A. 测量直流电压　　B. 测量交流电压　　C. 测量电阻　　D. 测量电流

2. 回路校验仪(FLUKE 744 型)下列哪种模拟参数不能够提供模拟输出信号(B)。

A. 直流电压　　B. 交流电压　　C. 电阻值　　D. MV 值

3. 回路校验仪(FLUKE 744 型)可输出的回路电压为(B)。

A. 36 V　　B. 24 V 或 28 V　　C. 12 V　　D. 42 V

4. 回路校验仪(FLUKE 744 型)用哪个键进入热电阻测量界面(A)。

A. TC RTD 键　　B. HART 键

C. SETUP 键　　D. MEAS SOURCE 键

5. 用回路校验仪(FLUKE 744 型)在对现场阀门定位器加设信号校验时需选择下列哪种模拟信号(B)。

A. 有源电流信号　　B. 无源电流信号　　C. 电压信号　　D. MV 信号

6.3　判断题(每题2分)

1. 回路校验仪(FLUKE 744 型)可给回路外供 15 V 电源。　(×)

2. 回路校验仪(FLUKE 744 型)的输出电流和外供电源是用同一接口。　(√)

3. 回路校验仪(FLUKE 744 型)能输出交流电压信号。　(×)

4. 回路校验仪(FLUKE 744 型)支持 HART 通讯协议。　(√)

5. 回路校验仪(FLUKE 744 型)测量压力时需外接压力测量模块。　(√)

6.4 简答题(每题5分)

1. 用回路校验仪(FLUKE 744型)选择测量/输出热电偶时需选择哪个插口?
答:选择TC插口。
2. 用回路校验仪(FLUKE 744型)选择测量热电阻时有哪几种接线方式可选择?
答:三种,两线、三线或四线制连接。
3. 回路校验仪(FLUKE 744型)可以对那些参数进行测量?(答出五种即可)
答:交/直流电压、电流、压力、电阻、热电偶、热电阻、压力、频率。

6.5 操作题(45分)

试题:回路校验仪(FLUKE 744型)(工作间)使用
鉴定点:回路校验仪(FLUKE 744型)(工作间)使用
1. 准备要求:
1.1 考场准备:
(1) 试题名称:回路校验仪(FLUKE 744型)(工作间)使用
(2) 本题分值:45分
(3) 考核时间:30 min
(4) 考核形式:实操
(5) 设备设施准备:

序号	名称	规格	单位	数量	备注
1	仪用工具包		套	1	
2	回路校验仪(FLUKE 744型)及附件		套	1	

1.2 考生准备:无
2. 考核要求:
(1) 本题分值:45分
(2) 考核时间:30 min
(3) 考核形式:实操
(4) 具体考核要求:掌握使用回路校验仪(FLUKE 744型)对压力变送器进行校验。
(5) 否定项说明:
3. 配分与评分标准:

序号	考核内容	考核要点	配分	评分标准	扣分	得分
1	确认工作对象	根据文件确认设备	5	根据文件确认设备,未自检,扣3分;未互检,扣2分		

续表

序号	考核内容	考核要点	配分	评分标准	扣分	得分
2	检查确认标准仪器	1. 确认标准仪器有效期 2. 检查标准压力源的气密性 3. 确认标准仪器的供电充足	5	1. 未确认标准仪器在有效期内,扣 2 分 2. 未确认标准压力源无泄漏,扣 2 分 3. 未确认标准仪器供电充足,扣 1 分		
3	连接回路校验仪(FLUKE 744 型)与电容式压力变送器校验回路	1. 连接压力回路 2. 连接电气回路	10	1. 未确认压力回路连接正确,无泄漏,扣 5 分 2. 未确认电气回路连接正确,扣 5 分		
4	设置回路校验仪(FLUKE 744 型)参数	1. 设置回路校验仪(FLUKE 744 型),按压力/电流测量的过程进行 2. 设置回路校验仪(FLUKE 744 型),给变送器供电	10	1. 回路校验仪(FLUKE 744 型)功能选择错误,扣 5 分 2. 回路校验仪(FLUKE 744 型)供电功能设置错误,扣 5 分		
5	对电容式压力变送器进行校验	按标定单对电容式压力进行标定	5	1. 标定单漏点,每点扣 1 分 2. 校验操作不正确,扣 1 分 3. 标定结果不合格;扣 3 分		
6	拆除回路校验仪(FLUKE 744 型)与电容式压力变送器校验回路	1. 拆除压力回路 2. 拆除电气回路	10	1. 未卸压,拆除压力回路不规范,扣 5 分 2. 未断电,拆除电气回路不规范,扣 5 分		
7	确认工作完成,清理工作现场	工完料净	5	未工完料净,扣 5 分		
否定项:无						
总分:						

评分人: 年 月 日 核分人: 年 月 日

第四部分　气动开关阀的检查和校验

第一章　操作准备

1.1　原理描述

1.1.1　气动开关阀的分类

气动开关阀是指以气源为动力控制的阀门，在管路系统中通常起到开关控制介质和实现密封及隔离的作用。通过配套的阀门附件，可实现介质流量调节的远程自动控制，是工业管路中不可缺少的控制部件。

常用的气动开关阀包括：气动开关蝶阀（见图 1-1）、气动开关球阀（见图 1-2）、气动闸阀和气动截止阀（见图 1-3 和图 1-4）。气动调节阀由于其独特的调节作用不在本教材范围内。

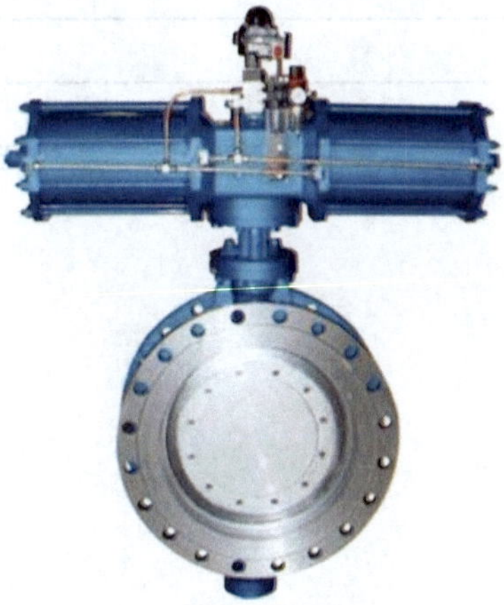

图 1-1　气动开关蝶阀

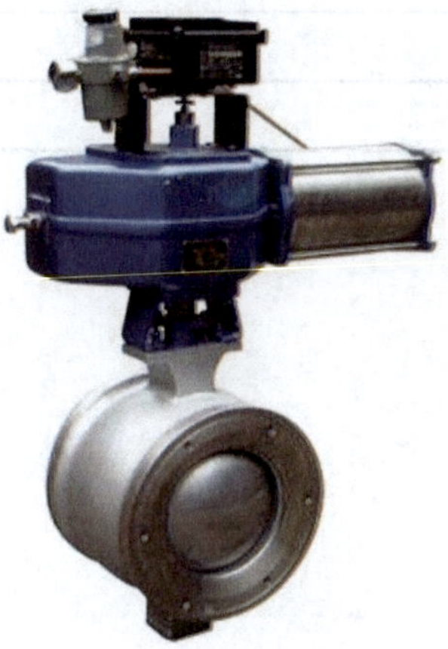

图 1-2　气动开关球阀

1.1.2　气动开关阀的工作原理及结构

1. 气动开关阀的工作原理

控制信号给电磁阀通电，电磁阀打开，压缩空气进入气室，推动气动阀阀膜或活塞，然后推动阀杆运动（直线运动或旋转运动），最终带动阀芯打开或关闭。以下以气动截止阀为例，讲解气开型和气关型阀门的开关过程。

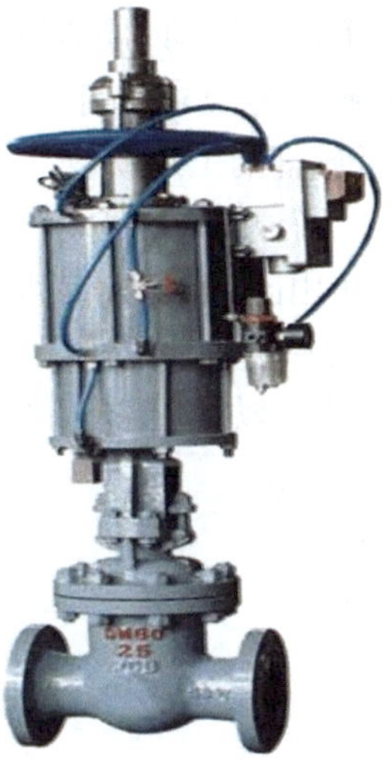

图 1-3　气动闸阀

图 1-4　气动截止阀

气开型截止阀的开关过程，见图 1-5，当远控信号要求阀门全关，阀门气动控制回路上的

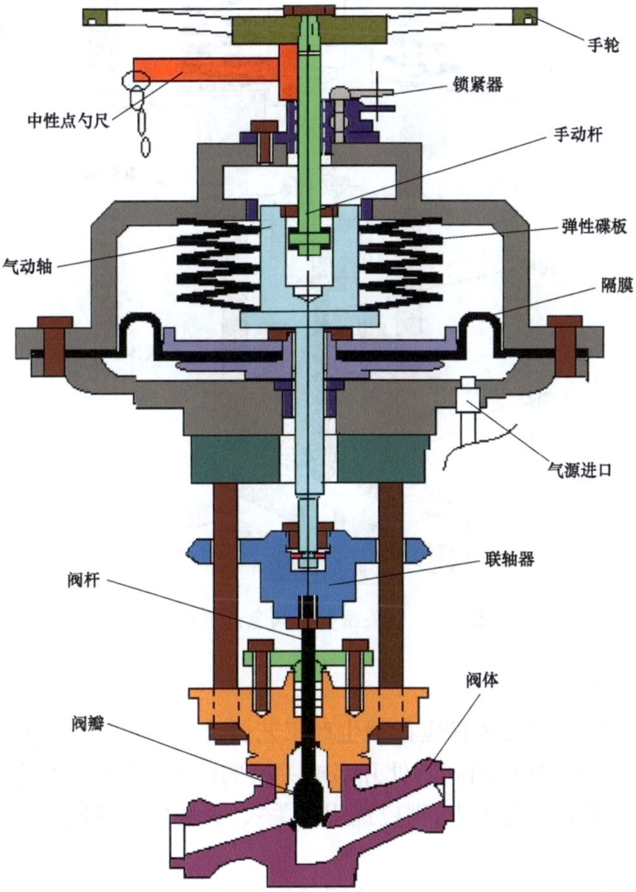

图 1-5　气开型截止阀全关示意图

附件(如电磁阀)动作,阀门开阀气室排气,膜片在弹簧作用下向下运动,带动阀杆及阀芯向下运动,直至阀芯与阀座形成密封,阀门即全关。反之,当远控信号要求阀门全开,则阀门开阀气室进气,气压作用在膜片上,克服弹簧的弹力带动膜片及阀杆向上运动,直至阀门全开。

气关型截止阀的开关过程,见图 1-6,当远控信号要求阀门全关,阀门气动控制回路上的附件动作,阀门关阀气室进气,膜片在气压作用下克服弹簧作用向下运动,带动阀杆及阀芯向下运动,直至阀芯与阀座形成密封,阀门即全关。反之,当远控信号要求阀门全开,则阀门关阀气室排气,膜片在弹簧作用下向上运动,带阀杆及阀芯向上运动,直至阀门全开。

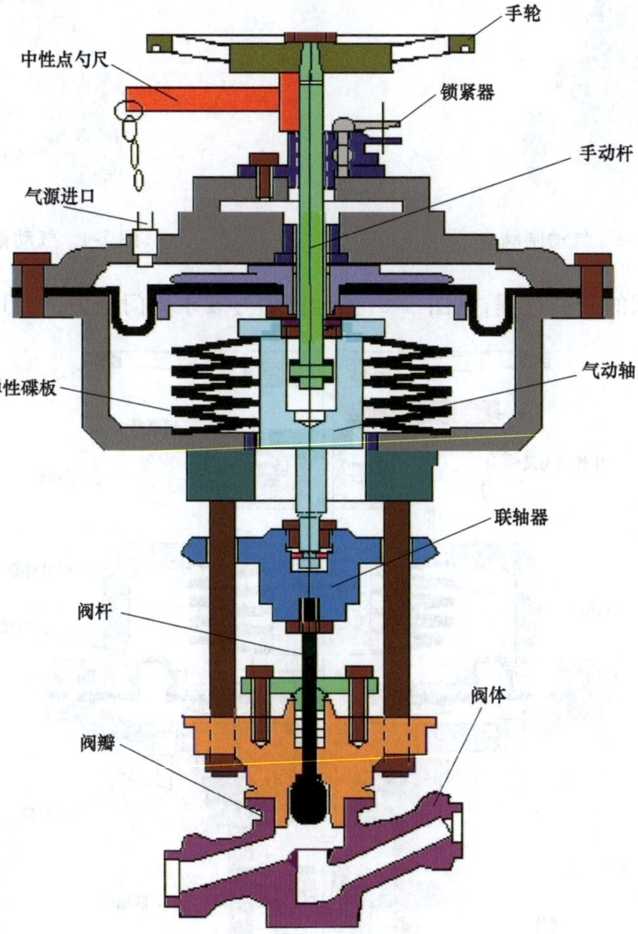

图 1-6 气关型截止阀全开示意图

2. 气动阀的安全位置

气动执行机构作用方式的选择应根据生产工艺要求来决定,考虑当信号压力中断(仪表供电中断或气源中断)时,视气动阀所处开启或关闭的位置,对生产工艺造成的危害性大小而定。如阀处于打开位置时危害小,则应选用气关式,失去气压后阀门自动开启;反之,则选用气开式。

如要求执行机构输出功率较大、响应速度较快时,应选用活塞式执行机构。该类阀门失气失信号时阀门是保位的。

3. 气动阀手动“中性点”的概念

气动阀门设置了手动操作机构后,大大提高了运行系统的安全可靠性;增加了气动阀门在失去控制气源后的应变能力。但是同时也带来了手动机构在阀门上的定位问题,也就是通常所说的气动阀“中性点”(NEUTRALPOINT)问题。

当气动阀手轮机构设置在某一点(或区)时,既不影响远程控制阀门全开又不影响其全关,这个点(或区)就称其为这个气动阀的手轮“中性点”或者叫做“空位点”。

气动阀的“中性点”是由手动机构的添置带来的,因此没有手动机构的气动阀门不存在“中性点”问题。

4. 气动阀的开启和关闭时间

气动阀门在系统中不仅要实现流体介质的通断控制,还有响应时间的要求。对于安全相关的阀门,一般都有阀门开启和关闭时间的限制要求。

开启时间指:阀门在正常关闭状态下,产生阀门开启指令到阀门全开的时间。

关闭时间指:阀门在正常开启状态下,产生阀门关闭指令到阀门全关的时间。

5. 气动开关阀的结构

气动开关阀的结构主要包括气室、膜片(或活塞)、弹簧、阀杆、阀瓣、阀体、阀盖及手轮,为了保证阀门的正常运行和密封,并且适用于检修和维护,阀门内部还有很多部件,如盘根、填料、联轴器、刀向套、O 型圈、轴承、指示标等(见图 1-7)。

1.1.3　气动开关阀的附件

比较典型的气动阀附件有如下几种。

电磁阀:分为单电控电磁阀和双电控电磁阀。单电控电磁阀:供电时阀门打开或关闭,断电时阀门关闭或打开。

双电控电磁阀:一个线圈得电时阀门打开,另一个线圈得电时阀门关闭。

限位开关:远距离传送阀门的开关位置的信号。有机械式、接近式、感应式等多种形式。

气源处理三联件:包括空气减压阀、过滤器、油雾器,对气源起到稳压、清洁、运动部件润滑作用。

手动操作机构:在自动控制不正常或应急情况下情况下手动操作。

消声器:安装在电磁阀的排气口或阀门的排气口,降低噪声。

气管:有软管、紫铜管、不锈钢。

1.1.4　电磁阀的功能及工作原理

电磁阀是由几个气路和阀芯组成的,由阀芯把各个气路之间接通或者断开。电磁阀线圈得电时产生电磁力的作用,推动阀芯移动,实现各个气路的通断。单电控的电磁阀失电时在弹簧力的作用下回复原位,双电控的电磁阀保持原位,先导式的电磁阀按功能而定。

电磁阀分为直动式电磁阀和先导式电磁阀:直动式电磁阀直接利用电磁力推动电磁阀阀芯实现气路之间的通断;先导式电磁阀则是在电磁力的作用下先打开先导阀,使气体进入电磁阀阀芯气室,利用气压来推动电磁阀阀芯,实现气路之间的通断。

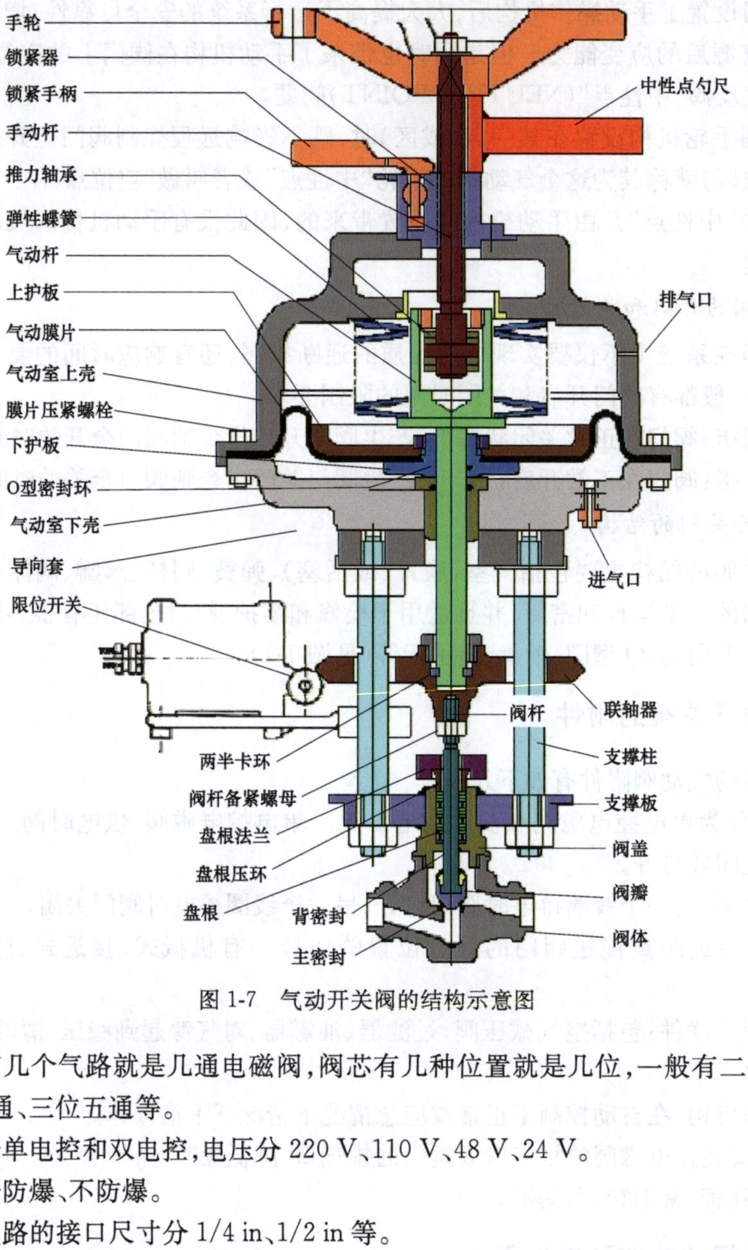

图 1-7 气动开关阀的结构示意图

电磁阀有几个气路就是几通电磁阀，阀芯有几种位置就是几位，一般有二位三通、二位四通、二位五通、三位五通等。

电磁阀分单电控和双电控，电压分 220 V、110 V、48 V、24 V。

电磁阀分防爆、不防爆。

电磁阀气路的接口尺寸分 1/4 in、1/2 in 等。

下面以单电控，直动式 2/3 二位三通电磁阀为例，介绍电磁阀的工作原理。电磁阀阀芯有 2 个位置，有 3 个气路接口，如图 1-8 所示，P 口为气源接口，A 口为通往气动执行器接口，R 口为排气口。

初始状态(失电)：如图 1-8 所示，此时电磁阀失电，阀芯在右侧，A 口与 R 口相通，气缸是排气状态，P 口是封闭的。

得电状态：如图 1-9，此时电磁阀得电，阀芯被电磁力吸到左侧，P 口与 A 口相通，气源由 A 口通往气缸，R 口是封闭的；如果失电，阀芯在弹簧的作用下回到图 1-8 的初始状态。

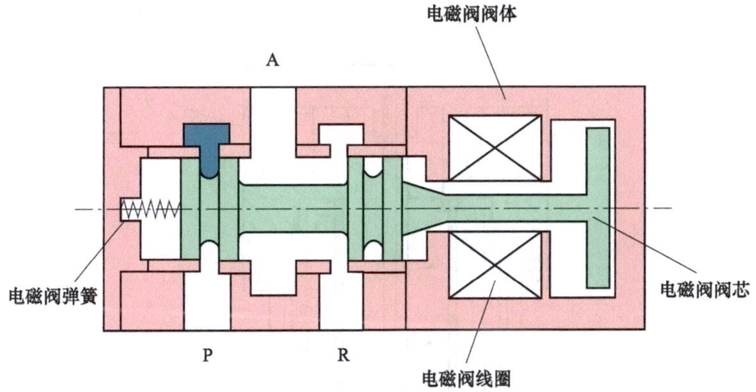

图 1-8　二位三通电磁阀失电状态

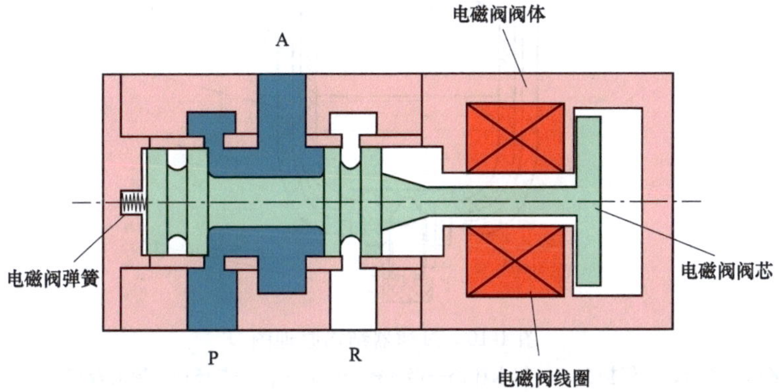

图 1-9　二位三通电磁阀得电状态

1.1.5　气源处理三联件的功能及工作原理

气路三联件是过滤器、调压阀、油雾器三个元件组合在一起的总称，使用时安装在气动设备的前端，简称 FRL，即 F(Filter)、R(Regulator)、L(Lubricator)。从气压流动的方向看，三联件的安装顺序依次是过滤器、调压阀、油雾器。三个元件的结构和作用下面分别讲述。

1. 过滤器

经过气路分支管道输出的压缩空气虽然经过初级过滤和干燥，仍然含有少量的粉尘和水分。此外，还含有碳化油料的细微粒子、管道的锈斑碎屑以及其他杂质，所有这些物质都会使气动设备受到损害，增加气动组件的橡胶件和零件的磨损，影响气动设备的性能。因此，通常在气动设备的最前端安装过滤器去除这些杂质。标准过滤器的结构原理如图 1-10 所示。

三联件的第一个元件，进入气动设备的压缩空气必须先进行过滤和除水及油污后再进行调压和润滑。标准的过滤器有过滤和除水两个功能。图 1-10 中，压缩空气由 A 口进入过滤器，经过导流板后，在过滤器内形成涡流，在滤芯和集水杯之间的环空中高速旋转，在旋转过程中，压缩空气中的水分粒子、油污粒子和固体杂质在离心力的作用下被甩到集水杯的内壁上，并汇集到集水杯的底部。甩出水分和杂质后干净的压缩空气经过滤芯从 B 口输出，进入下一个功能元件。

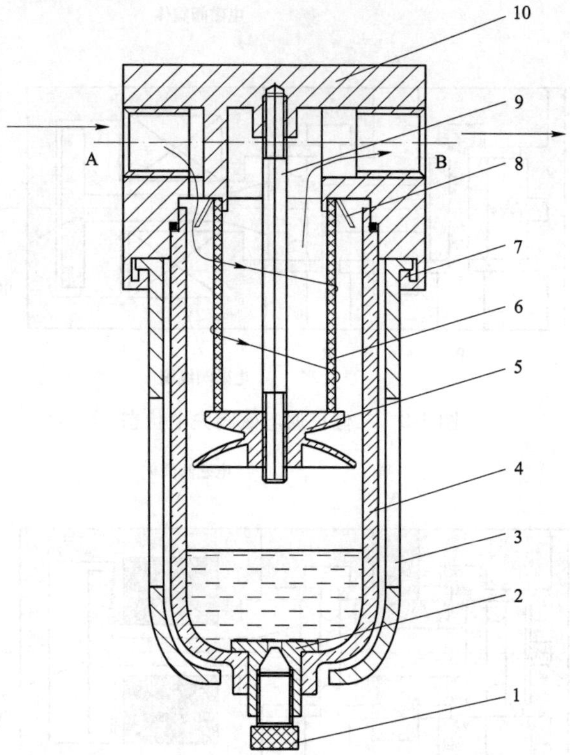

图 1-10 过滤器结构原理图

1—放水丝堵；2—螺母；3—保护套；4—集水杯；5—挡水板；6—滤芯；7—卡环；8—导流板；9—螺杆；10—上座

挡水板的作用是使集水杯的底部形成一个静态区域，防止分离出来的水分被压缩空气再次带走，而聚集在一起的水分也能够防止分离出来的固体杂质和粉尘被再次带入压缩空气中。当分离出来的水分聚集到一定量的时候，旋松放水丝堵，将积水排出。

集水杯一般是用透明的塑料制成，便于观察集水量。为了保护杯子的安全，在杯子的外面必须用一个金属的罩子保护起来，即保护套 3。保护套 3 上开有观察孔，便于观察集水杯内的情况。

2. 减压阀

减压阀的作用是将较高的输入压力调节到规定的输出压力，并能保持输出压力稳定不变，不受流量变化和起源压力波动的影响。气动减压阀有直动式和先导式两种，直动式减压阀用于流量小、调节精度要求不高的气动设备。在一般的工作场所和气动设备上，直动式减压阀即能满足调压要求，这些场所的气路三联件上用的一般都是直动式减压阀。

直动式减压阀的结构原理如图 1-11 所示，为一种较常用的全补偿式的减压阀，当阀处于工作状态时，压缩空气经输入口 A 经阀芯的开口节流后从输出口 B 输出，设输入的压缩空气压力为 P_1，输出的气压压力为 P_2，由图可知，输出口的气压 P_2 经补偿管进入膜片和中间体所形成的空腔 a，如果输出口的压力 P_2 增大时，a 腔压力随之增大，膜片在压力作用下向上鼓起，推压调节弹簧，同时阀芯失去溢流座的压力作用，在阀芯弹簧的作用下向上移动，阀芯开口随之减小，由输入口至输出口的压缩空气流向减小，输出口的压力 P_2 下降，a 腔压力随之下降，膜片在调节弹簧在作用下下移，溢流阀座将阀芯向下推动，阀芯开口增大，压缩空气输出流量增大，气压升高。如此反复作用。最后，输出口的压力保持在一个恒定的值。这个压力值就是作用于膜片上与调节弹簧的作用力相等的压力。

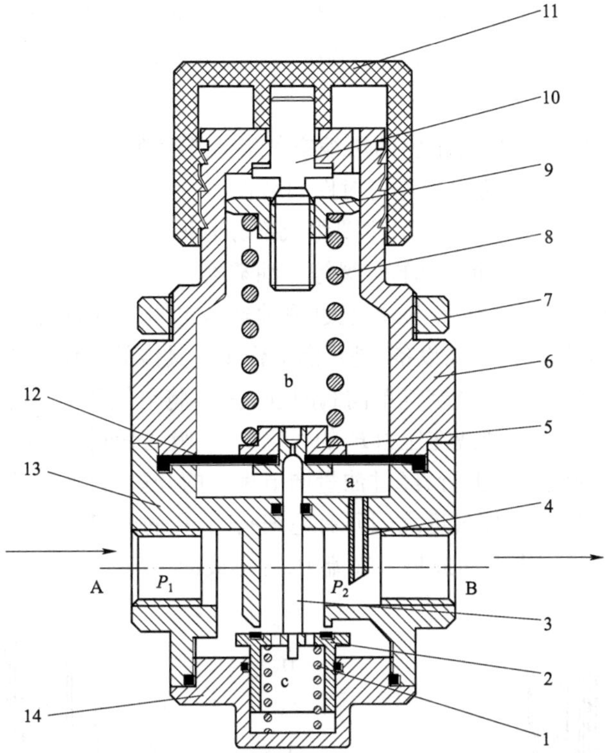

图 1-11　全补偿直动式减压阀工作原理

1—阀芯弹簧；2—阀芯；3—阀芯顶杆；4—补偿管；5—溢流座；6—上盖；7—安装螺母；8—调节弹簧；9—调节弹簧座；10—调节杆；11—调节手轮(塑料盖)；12—膜片；13—中间体；14—下盖

顺时针旋转调节手轮(调节手轮内部的方孔刚好卡住调节杆的方头)，调节杆通过螺纹使调节弹簧座下移，压缩弹簧，弹簧弹力增加，对溢流座的作用力增大使之下移，将阀芯向下推动，阀芯开口增大，输出的气压流量增大，P_2 上升。由此可见，减压阀输出口的压力和调节弹簧的压缩量有关。顺时针旋转手轮，压缩弹簧输出口压力增加，逆时针旋转手轮，放松弹簧，输出口压力减小。

在减压阀的本体上装有压力表，旋转手轮时输出口压力的变化可以从压力表读出来，当压力表显示的压力值等于我们需要的压力时，停止旋转手轮，输出口的压力就保持定值。调节手轮有自锁装置，压力设定后将手轮锁上，减压阀压力设定完毕。

当输入口的压力 P_1 波动时，输出口的压力随之波动，a腔中的压力也波动，膜片迅速向上鼓起，a 腔中的气压从溢流座的溢流孔中流出进入 b 腔，最后从上盖的开口处排入大气。此后阀芯在阀芯弹簧作用下上移将阀芯开口减小(阀芯上移的速度比溢流座上移的速度稍慢了很短的时间)，输出流量减小，压力 P_2 下降。a腔中的气压溢流后，压力迅速下降，膜片在调节弹簧作用下复位，推动阀芯将阀芯开口增大，P_2 又上升。如此一来，输入口的压力波动被消除，始终保持输出口压力 P_2 的恒定。

当压缩空气的流量很大时，阀芯开口大开，调节弹簧被相应拉长，降低弹簧与a腔的压力

P_2作用在膜片上的平衡力，使减压阀的调节压力不准。这一问题可以利用补偿管来解决。补偿管的下部斜切去一个角度，斜口朝输出口的方向。这样的结构使a腔中的压力在气压流量很大的时候保持一个较低的静压力，即使弹簧被拉长，也能补偿弹簧拉长所减少的弹力损失，达到膜片上下作用力平衡，保持弹簧的调压作用。这就是全补偿的作用。

3. 油雾器

油雾器的作用是将过滤和调压后的压缩空气混入干净的油雾，到达气动设备的运动表面和密封件，防止金属表面生锈和避免密封件的磨损。

油雾器的结构原理如图1-12所示，主要组成部分有油杯、吸油管、油单向阀、供油调节螺钉、视油器、导油管、本体、阻尼板、油单向阀等。油雾器具有自动加油功能，油杯中的油液通过自身的结构从油杯中流入视油器中，再经过视油器与本体气道的毛细管流入气道，雾化后与压缩空气混个形成油气进入气动设备，进行润滑作用。具体的工作原理是：当阀件的输入口A有气压P_1输入时，压缩空气经过空气单向阀的进气孔b将空气单向阀打开，压缩空气进入油杯的液面上腔，形成压力P_3。油液在压力P_3的作用下，经吸油管到油单向阀，在压力P_3的作用下，将油单向阀打开，油液继续上行，经过油量调节螺钉的开口，再经本体上的油道 c 和导油管，进入视油器。视油器与本体气道之间开有毛细孔 a，孔的出口在输出口的一端，当有高速气流经过输出口时，视油器内的油液喷入气流中，并形成油雾与压缩空气混合，从输出口输出。

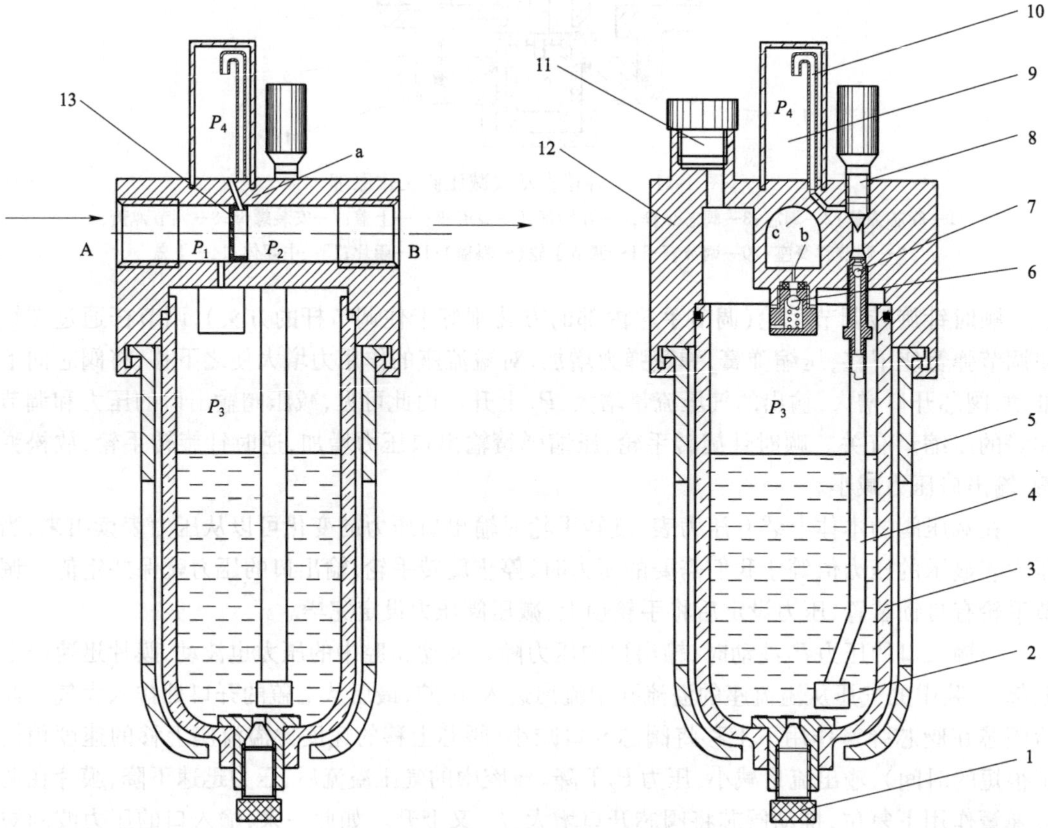

图1-12 油雾器结构工作原理图

1—堵头；2—滤网；3—油杯；4—吸油管；5—保护套；6—空气单向阀；7—油单向阀；8—油量调节螺钉；9—视油器；10—导油管；11—加油孔塞；12—本体；13—阻尼板

视油器内的油液是如何喷入输出口的气流中的，这是由于阻尼板对气流的阻尼作用造成的。阻尼板的作用相当于一个文式管，当气流高速从输入口 A 经过阻尼板流向输出口 B 时，在阻尼板的两侧形成微小的压力降ΔP，$\Delta P=P_1-P_2$。为了更加了解阻尼板的作用，我们先讲一下文式管的原理。如图 1-13 所示，管子的中间有一个收缩部分，气流从进口向出口输出时，在收缩部位有一个微小的压力降，这个压力降即是图 1-13 中的管子中的液位差ΔP，管子中的液体在这个压力降的作用下，从输出口一端喷出。

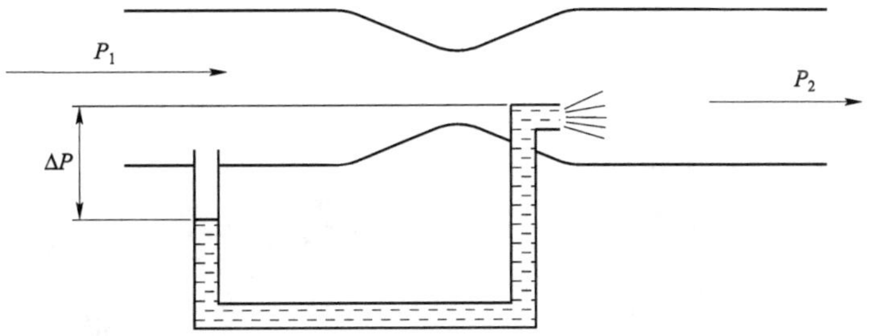

图 1-13 文式管原理

油雾器的阻尼板就是气道的收缩部分，输入口的压力 P_1 经空气单向阀、吸油管、油单向阀、气道 c、进入视油器，视油器中的压力 $P_4=P_1$，阻尼板前后的压力差$\Delta P=P_1-P_2$等于 P_4-P_2，于是在视油器与气道的输出端有一个压力差ΔP，视油器中的油液经毛细孔 a 被吸入气道，喷射而出，形成油雾混合到压缩空气中，从输出口流出。

当流经油雾器的气流流速很小时，在视油器与气道之间无法形成压力降，视油器中的油液可以依靠自流作用进入气道，但流速缓慢，并无法形成油雾，这时油雾器基本不起作用。所以，油雾器只有在气流高速流动和脉冲气流时才气作用。防喷器地面控制装置的气动液泵工作时需要的就是脉冲气流，且流速很很快，满足油雾器工作的条件。

当油雾器无气流通过时，油单向阀关闭，阻止油道中的油液回流油杯，这利于下次启动时立即可以供油；油量的控制用油量调节螺钉控制，在油雾器工作过程中，边调节边观察视油器内导油管的滴油速度，根据气动设备润滑的需要选择不同的滴油速度。

1.1.6 限位开关的功能及工作原理

限位开关又称行程开关，用于控制机械设备的行程及限位保护。限位开关应用在气动开关阀上可以作为显示阀门状态的开关量信号，可以作为控制阀门动作的极限位置信号，还可以作为阀门过力矩保护的开关量信号。

在阀门实际运行中，将限位开关安装在满足功能需要的预定位置，如阀门全开位置，全关位置，中间位置，过力矩位置或中性点到位位置等。当联接在阀门上的挡板随阀杆运动时，撞击到(或接近)限位开关时，限位开关内的微动开关动作，实现信号的切换。

限位开关按其结构可分为直动式、滚轮式、微动式、接近式和组合式。

1.1.6.1 直动式限位开关

当外界运动部件上的撞块碰压按钮使其触头动作，运动部件离开后，在弹簧作用下，其触头自动复位。直动式限位开关如图 1-14 所示。

1.1.6.2 滚动式限位开关

滚动式限位开关如图 1-15 所示。对于单滚轮，当运动机械的挡铁(撞块)压到行程开关的滚轮上时，传动杠连同转轴一同转动，使凸轮推动撞块，当撞块碰压到一定位置时，推动微动开关快速动作。当滚轮上的挡铁移开后，复位弹簧就使行程开关复位。而双轮旋转式行程开关不能自动复原，它是依靠运动机械反向移动时，挡铁碰撞另一滚轮将其复原。

图 1-14 直动式限位开关

图 1-15 滚动式限位开关

1.1.6.3 微动式限位开关

一般由刚性杠杆、滚轮、复位弹簧和微动开关组成。挡板撞击到刚性杠杆上的滚轮，通过杠杆作用压下微动开关的按钮，使微动开关动作。挡板从滚轮上离开后，杠杆复位，微动开关也复位，见图 1-16。

1.1.6.4 凸轮式限位开关

与前几种机械式限位开关原理大同小异，运动部件由挡板换作凸轮，见图 1-17。

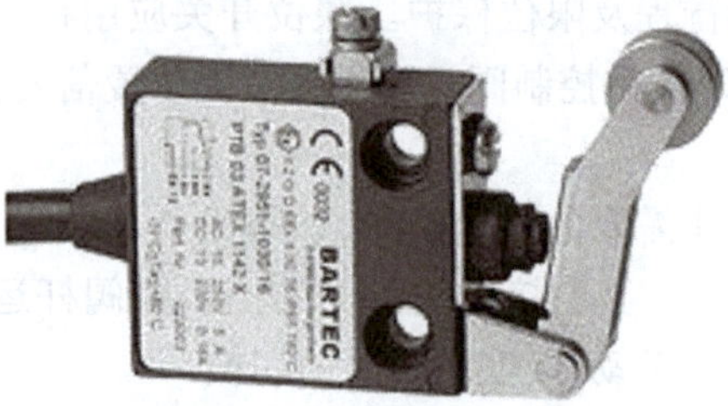

图 1-16 微动式限位开关

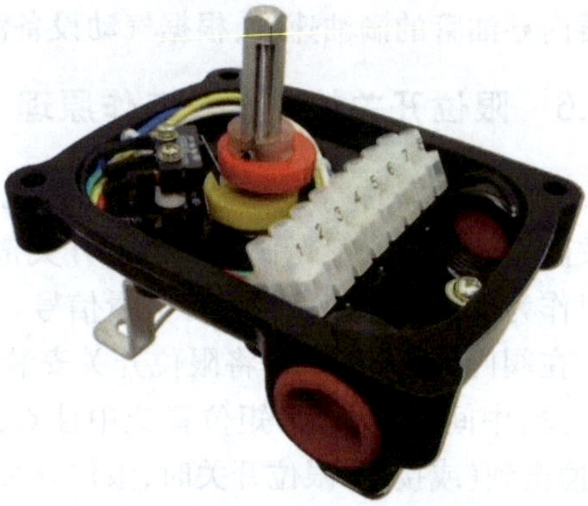

图 1-17 凸轮式限位开关

1.1.6.5 接近式限位开关

这种开关种类也很多，有磁动式、涡流式、霍尔式(见图 1-18)、热释电式、光电式(见图 1-19)、声波式、电容式等。基本靠挡板接近限位开关后改变电路参数后形成动作。

图 1-18　霍尔式限位开关

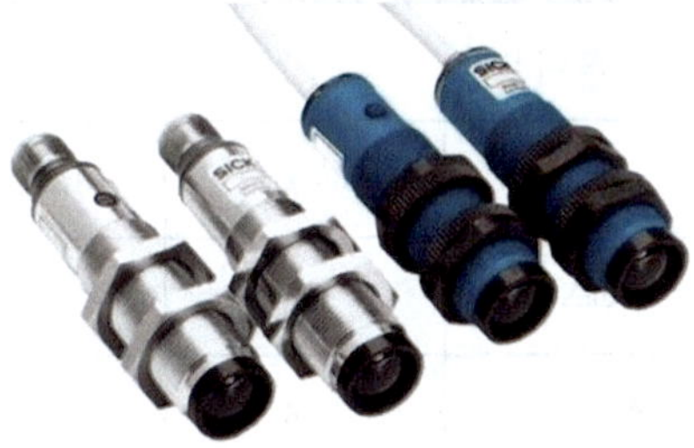

图 1-19　光电式限位开关

1.1.7　阀门的检查校验及阀门诊断

气动开关阀的检查和校验工作按照核电厂专业来划分，包含两部分内容：一是仪控的阀门附件及阀门动作检查和校验，二是机械对阀门本体进行校验和在线诊断。

1. 仪控的阀门附件及阀门动作检查和校验

为了保证阀门能根据远控指令正常进气和排气，仪控需要检查阀门的气源管线及阀门各附件是否正常工作。

主要内容：检查压缩空气管线是否损坏，管径是否合理，对阀门附件进行外观检查，对各附件的连接紧密性进行检查。对阀门的电磁阀进行接线和绝缘检查，对阀门过滤减压阀进行检查和压力调整，对阀门限位开关的位置进行检查和调整，测定阀门的开关行程和全开全关时间等。

2. 检查阀门的本体相关参数的测试

为了保证阀门能达到其设计的功能，并能在一定的系统工艺参数下稳定运行，并保证阀门一定的安全功能，需要检查阀门的本体并进行一些关键参数的测试。

主要内容：阀门膜片或气缸检查，阀门阀芯检查，阀门密封力测试，阀门行程测试，阀门填料摩擦力测试，阀门弹簧弹力测试。

通常进行阀门本体的部件检查，如膜片或气缸、阀芯、阀杆、弹簧等，需要进行阀门解体。而一些关键参数的测试，采用外接测试设备进行在线诊断，并形成测试图谱和报告。一般采用的外接设备都是成套的软硬件，包括行程、应力等数据采集探头和诊断软件。

阀门在线诊断有利于更准确地得到阀门本体的参数，进而分析其性能，对阀门可能存在的缺陷和缺陷的发展方向有很好的辅助判别作用。同时其图表化的诊断报告便于存档和数据趋势分析，为阀门的预防性维护提供一定的基础数据。

下面是一份阀门的在线诊断测试报告，见表 1-1。

表 1-1　气动两位阀诊断测试报告

核电厂名称：××核电厂	机组号：4 号机组	大修号：404 大修
阀门位号：RCP-150-VD	ITEM：	
隔膜类型：活塞式	失效形式：失气关	
报告人姓名：**	报告时间：2016/1/6　　21:19	

续表

<table>
<tr><td colspan="3">试验描述:初始测试 1</td><td>测试时间:2016/1/6-0-0</td></tr>
<tr><td></td><td>标准参数</td><td>测试参数</td><td rowspan="5">结论及建议:
阀门初始测试参数如左表所示,由于缺少阀门密封力及摩擦力的相关标准,故无法判断阀门的密封性能和外漏风险情况。阀门测试行程距离合格。</td></tr>
<tr><td>密封力/daN</td><td>/</td><td>233</td></tr>
<tr><td>行程距离/mm</td><td>6.6</td><td>7.1</td></tr>
<tr><td>填料摩擦力/daN</td><td>/</td><td>264</td></tr>
<tr><td>弹簧斜率/(N/mm)</td><td>/</td><td>7</td></tr>
</table>

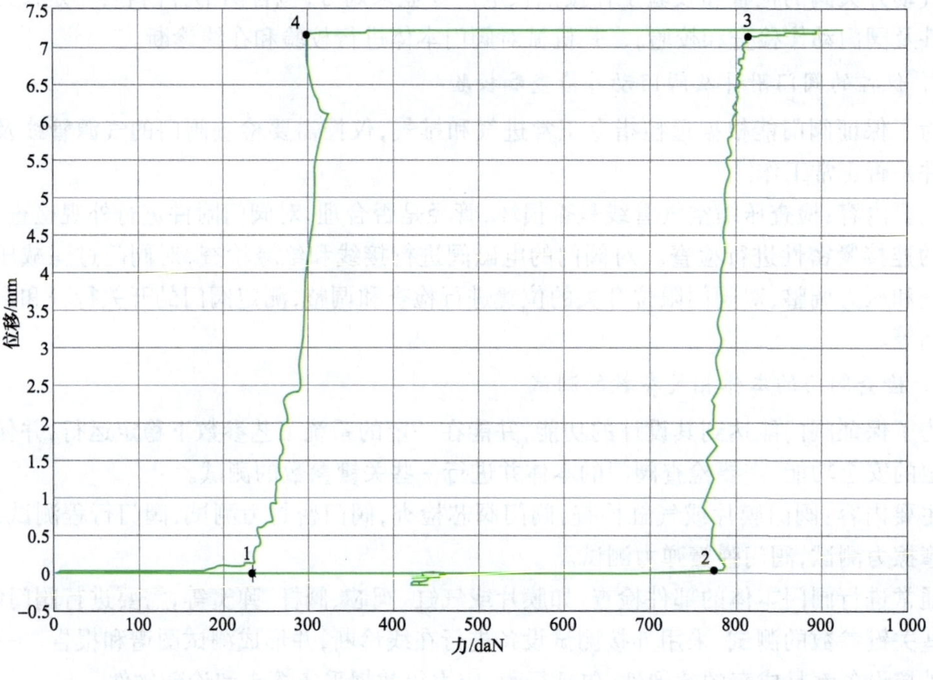

<table>
<tr><td colspan="3">试验描述:带应力测试</td><td>测试时间:2016/1/6-0-0</td></tr>
<tr><td></td><td>标准参数</td><td>测试参数</td><td rowspan="5">结论及建议:
应力测试曲线显示,阀门全关时阀瓣接触到阀座密封面,阀门落座。</td></tr>
<tr><td>密封力/daN</td><td>/</td><td></td></tr>
<tr><td>行程距离/mm</td><td>6.6</td><td></td></tr>
<tr><td>填料摩擦力/daN</td><td>/</td><td></td></tr>
<tr><td>弹簧斜率/(N/mm)</td><td>/</td><td></td></tr>
</table>

续表

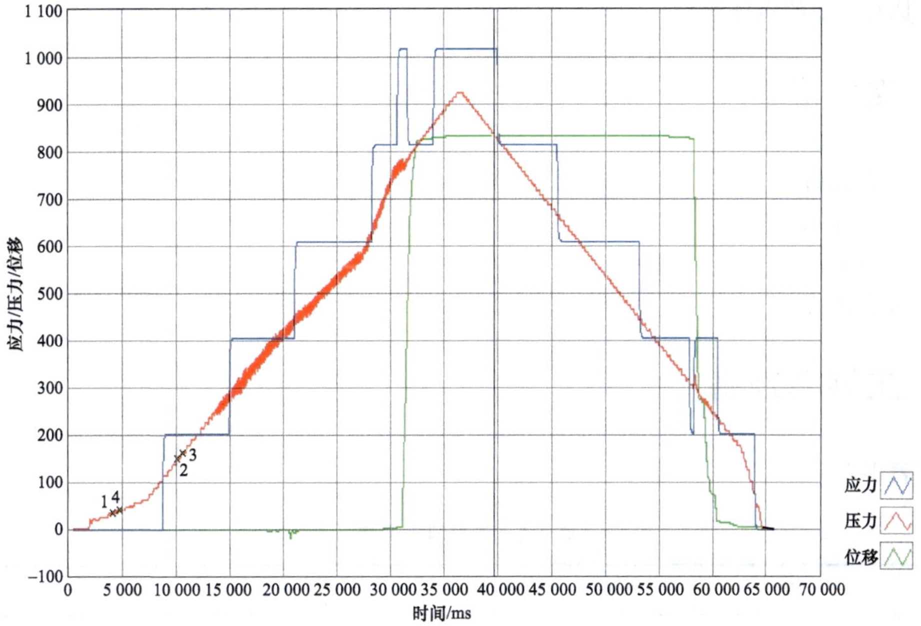

试验描述:确认测试			测试时间:2016/1/6-0-0
	标准参数	测试参数	结论及建议: 阀门确认测试显示,阀门全关时阀瓣接触到阀座密封面,阀门落座,但由于缺少阀门密封力的相关标准,故无法判断阀门密封性能,建议运行期间密切关注阀门内漏情况。阀门行程距离合格。
密封力/daN	/	231	
行程距离/mm	6.6	7.1	
填料摩擦力/daN	/	262	
弹簧斜率/(N/mm)	/	8	

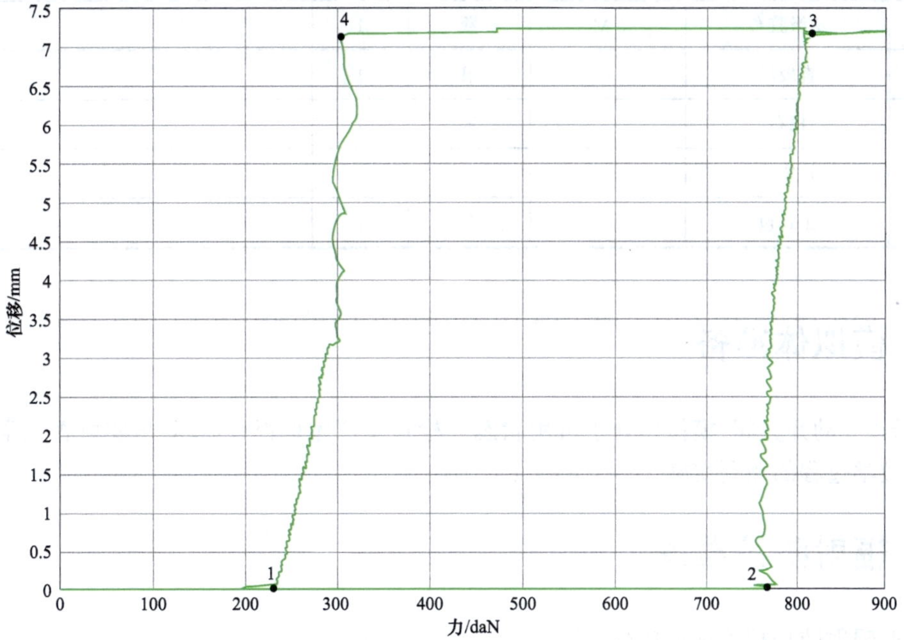

可以看出通过在线诊断,阀门的静态和动态特性均体现出来,对分析阀门现状和制定维护工作具有重要的指导意义。

1.2 文件准备

1. 培训教材
2. 培训计划
3. 评价表
4. 操作规程

1.3 工器具准备

见表1-2。

表 1-2 工器具准备表

序号	名称	规格	单位	数量	备注
1	万用表	FLUKE179	台	1	
2	数字摇表	FLUKE1508	台	1	
3	秒表		个	1	
4	螺丝刀		套	1	
5	扳手		套	1	
6	检漏液		瓶	1	
7	绝缘胶布	3 M	卷	1	
8	直板尺		根	1	
9	棉布		米	1	
10	检修垫		个	1	
11	工具包		个	1	

1.4 模拟体准备

Azbil 气动开关阀,模拟体处于可用状态。检查模拟体是否有损坏,核实可否正常动作,以确保教学过程的顺利实施。

1.5 辐射防护准备

按照辐射防护相关规定执行。

1.6　工业安全准备

按照工业安全规定执行,所有人员穿戴劳动保护用品。具体的工业安全准备需根据现场环境而确定,但基本的工业安全需要准备。所有人员必须穿戴安全帽、防砸鞋、工作服、手套等。检修场地使用警示带进行围拦,确保工作过程中无非工作人员进入。明确培训场所方位及急救设施地点、逃生通道方位。

1.7　配合人员准备

需仪控人员配合教员。

1.8　场地准备

具体准备步骤如下:
模拟体周围空间足够;
模拟体附近有可用压缩空气;
清理场地,确保检修场地无其他异物;
合理分配场地,确保工具、设备的合理分布,方便检修;
在场地外围布置警示带。

第二章 操作实施

2.1 操作流程

操作前先熟悉整体操作流程，见图 2-1。

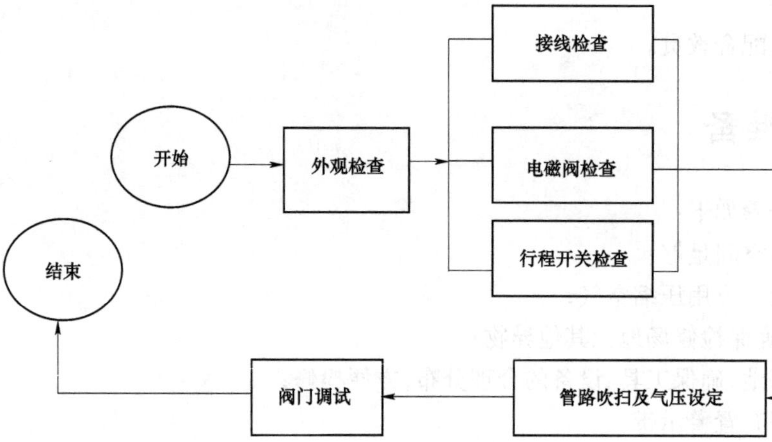

图 2-1 操作流程

2.2 操作实施

见表 2-1。

表 2-1 操作步骤及要求

序号	操作步骤	操作要求	工器具	测评标准	备注
1	根据校验单内容检查阀门及附件的静态信息和参数	按照校验单顺序逐一检查		1. 无漏项 2. 无错项	
2	检查阀门电磁阀接线是否正确，绝缘性是否满足要求	1. 电磁阀极性正确 2. 电磁阀接线牢固 3. 电磁阀绝缘电阻不小于 1 MΩ	万用表、螺丝刀等	1. 电磁阀接线极性正确 2. 接线牢固 3. 绝缘电阻测量合格	
3	检查阀门气动回路上的连接是否紧密	1. 气路检查完整 2. 检查螺纹无明显松动	扳手等	1. 气路检查无遗漏 2. 工器具使用正确	
4	检查阀门是否在中性点	1. 操作阀门手轮 2. 正确找到阀门中性点		1. 中性点检查操作正确 2. 中性点检查结果正确	

续表

序号	操作步骤	操作要求	工器具	测评标准	备注
5	松开阀门限位开关的固定螺母，将限位开关的位置移至阀门行程之外	1. 正确使用扳手将限位开关的固定螺母松开 2. 将限位开关移至阀门行程之外	扳手	1. 正确使用工器具 2. 限位开关已经移至阀门行程之外	
6	接通气源，检查气动阀的整体气路是否存在泄漏	检查气动回路是否存在泄漏	检漏液，扳手	1. 正确使用检漏液 2. 阀门气动回路无泄漏	
7	检查气源三联件压力调节是否在允许范围内	1. 读取减压阀后压力 2. 调整输出压力		1. 正确读取减压阀后压力 2. 正确判断压力范围并调整压力	
8	操作信号进行阀门开关，测量阀门行程及阀门全开全关时间	1. 正确操作阀门 2. 正确测量阀门行程 3. 正确测量阀门动作时间	直尺、秒表	1. 阀门操作正确 2. 阀门行程测量正确 3. 阀门开关时间测量正确	
9	根据阀门全开和全关位置，调整限位开关位置并固定	1. 限位开关位置调整 2. 限位开关固定		1. 正确确定阀门限位开关位置 2. 限位开关固定到位	
10	确认工作完成，清理工作现场	工完料净场地清		模拟实施	

2.3　阀门校验单填写

阀门检查和校验过程中，需要对执行的项目进行记录，正确填写气动执行机构(两位阀)校验报告。阀门校验报告填写是注意数据真实，填写清晰，签字正确。禁止编造数据，随意改动数据而不签名。

2.4　实施中需要特别注意的几个关键点

在进行气动开关阀的检查和限位开关调整中，为了保证工作顺利进行，必须注意如下的关键点：

1. 电磁阀的极性错误可能导致阀门无法动作，甚至元器件损坏。

2. 正确使用扳手等工具，防止损坏连接件。

3. 在不确定阀门行程或实际开关位置时，最好先将限位开关的位置移至阀门行程之外，防止阀门开始动作后损坏限位开关。

限位开关调整时要留有一定的裕量，防止阀门阀杆挡板或限位开关轻微形变或微动开关老化导致阀门限位开关无法触发。

第三章 故障检查和处理

3.1 常见故障现象和判断方法检查和处理

见表 3-1。

表 3-1 常见故障现象和判断方法检查和处理

序	故障现象	判断方法	故障原因分析	故障排除方法
1	减压阀无法调压	正反向调节旋钮至最大和最小,检查输出气压是否有变化	1. 减压阀堵塞 2. 减压阀阀芯损坏	1. 进行减压阀清理 2. 更换减压阀
2	电磁阀通电不动作	测量电磁阀电压	1. 电磁阀接线错误 2. 电磁阀卡涩 3. 电压等级错误	1. 检查接线 2. 清理电磁阀 3. 更换电磁阀
3	电磁阀漏气	检漏	1. 电磁阀阀芯损坏 2. 电磁阀密封圈损坏	1. 更换电磁阀 2. 更换密封圈
4	阀门动作不到位	阀门行程不够	1. 中性点不正确 2. 阀门卡涩	1. 重新检查中性点 2. 检查阀门阀杆及盘根
5	阀门不动作	能否手动开关阀门	1. 气源压力偏小 2. 膜片漏气 3. 阀门弹簧弹力调整不合适	1. 重新调整气压 2. 重新进行阀门整定 3. 更换膜片
6	限位开关信号不触发	手动触发限位开关	1. 阀门行程不正确 2. 限位开关位置不正确 3. 限位开关损坏	1. 重新调整阀门 2. 重新调整限位开关位置 3. 更换限位开关

第四章　操作结束

4.1　电磁阀断电

将控制电磁阀的电源断开。

4.2　气源关闭

将压缩空气关闭。

4.3　清理现场

检查阀门及其附件无损坏。模拟体阀门置回原位，所有接线及外加设备去除并整理干净。

第五章 经验反馈

5.1 阀门弹簧弹力过小导致 3RCV310VP 无法开启

状态简述：

2015 年 11 月，某厂 3 号机组大修开始初期，运行通过 3RCV310VP(余热排出系统至化容控制系统净化流量控制阀)对 RRA(余热排出系统)充水，当 3RCV310VP 下游隔离阀处于关闭状态时，主控操作 3RCV310VP 的开关可以正常开关 3RCV310VP，而当开启下游隔离阀时，主控操作 3RCV310VP 的开关，阀门无法开启。

原因分析评价：

3RCV310VP 为可快开快关和调节的气动阀，阀门为气关阀。当主控需要直接开启阀门时，阀门气室直接失气，阀门在弹簧力作用下快速开启。当主控需要直接关闭阀门时，阀门气室直接进气，阀门通过气压克服弹簧力直接关闭。当主控需要进行阀门开度调节时，阀门气室与阀门定位器之间构成气动回路，从而控制气室的气压来调节阀门开度。

经过阀门在线诊断，阀门弹簧弹力过小，当阀门前后压差小时，阀门可以开启，当阀门前后压差过大时，单靠弹簧力无法开启阀门。

在阀门诊断结果指导下，合理调整阀门弹簧力，同时合理增大阀门气动回路减压阀后压力，保证阀门关闭力。阀门无法开启的故障得以消除。

5.2 减压阀输出气压偏小导致 3RCP150VD 无法开启

状态简述：

2015 年 12 月，某厂 3 号机组大修接近尾声，前期经过检修和再鉴定的 3RCP150VD (3RCP001PO 3 号轴封立管补水管线气动阀)投入使用，运行通过开启该阀门对 3RCP011BA(3RCP001PO 3 号轴封立管)进行充水，由于逻辑关系，与此同时 3RCP250VD (3RCP002PO 3 号轴封立管补水管线气动阀)也会开启。但一段时间后运行发现 3RCP011BA 液位不上涨，且 3RCP150VD 显示关闭状态，而 3RCP021BA 液位正常上涨。

原因分析评价：

经过仪控检查发现，3RCP150/250VD 阀门控制逻辑正确，且阀门电磁阀及限位开关接线均正确。现场 3RCP150VD 电磁阀得电正常。减压阀输出气压为 4.1 bar。

判断为减压阀输出气压偏小，在阀门管线中没有介质的状态下，阀门可以开启，而管线进行实际补水时由于阀门前后存在压差导致阀门可能开启困难。

将减压阀输出压力调整至 4.5 bar 后，阀门开关顺畅，限位开关准确触发，立管补水恢复正常运行。

第六章　习　题

6.1　填空题(每题 5 分,共 25 分)

1. 常用的气动开关阀包括:气动开关蝶阀、气动开关球阀、气动闸阀和气动截止阀。

2. 常见的气动开关阀,根据进气时阀门的开关状态可以分为气开阀和气关阀。

3. 气路三联件是过滤器、调压阀、油雾器三个元件组合在一起的总称。

4. 二位三通电磁阀的含义是电磁阀的阀芯有 2 个位置,电磁阀有 3 路气路接口。

5. 带手轮的气动开关阀,为了保证阀门能自由到达其额定全开和全关行程,阀门手轮必须处于其中性点位置。

6.2　简答题(每题 5 分,共 15 分)

1. 简述一般电磁阀的工作原理。

原理:电磁阀是由几个气路和阀芯组成的,由阀芯把各个气路之间接通或者断开。电磁阀线圈得电时产生电磁力的作用,推动阀芯移动,实现各个气路的通断。

2. 按结构形式来讲,阀门限位开关一般分为哪几种形式?

限位开关按其结构可分为直动式、滚轮式、微动式、接近式、凸轮式和组合式。

3. 在进行阀门检查和限位开关的调整过程中,为了保证工作顺利进行,应注意哪些关键点?

(1) 电磁阀的极性错误可能导致阀门无法动作,甚至元器件损坏。

(2) 正确使用扳手等工具,防止损坏连接件。

(3) 在不确定阀门行程或实际开关位置时,最好先将限位开关的位置移至阀门行程之外,防止阀门开始动作后损坏限位开关。

(4) 限位开关调整时要留有一定的裕量,防止阀门阀杆挡板或限位开关轻微形变或微动开关老化导致阀门限位开关无法触发。

6.3　实操题

鉴定点:Azbil 气动开关阀的检查和限位开关调整

试题:Azbil 气动开关阀的检查和限位开关调整

1. 准备要求:

考场准备:

(1) 试题名称:Azbil 气动开关阀的检查和限位开关调整

(2) 本题分值:100 分

(3) 考核时间:40 min

(4) 考核形式:实操

(5) 设备设施准备:

序号	名称	规格	单位	数量	备注
1	模拟体		台	1	教学用模拟体一台
2	压缩空气装置				
3	万用表	FLUKE179	台	1	
4	数字摇表	FLUKE1508	台	1	
5	秒表		个	1	
6	螺丝刀		套	1	
7	扳手		套	1	
8	检漏液		瓶	1	
9	绝缘胶布	3 M	卷	1	
10	直板尺		根	1	
11	棉布		米	1	
12	压缩空气泵		台	1	
13	检修垫		个	1	
14	工具包		个	1	

考生准备:

(1) 试题名称:Azbil 气动开关阀的检查和限位开关调整

(2) 本题分值:100 分

(3) 考核时间:40 min

(4) 考核形式:实操

(5) 工具及其他准备:无

2. 考核要求:

(1) 本题分值:100 分

(2) 考核时间:40 min

(3) 考核形式:实操

(4) 具体考核要求:阀门开关动作及限位开关调整正确,阀门校验单填写正确。

(5) 否定项说明:无

3. 配分与评分标准:

3.1 阀门检查与校验操作(60 分)

序号	考核内容	考核要点	配分	评分标准	扣分	得分
1	检查阀门连接件紧密	1. 检查连接件有无缺少损坏 2. 连接件是否正确连接且牢靠	5	1. 连接件缺少,扣 2 分 2. 连接件连接不牢靠,扣 1 分 3. 连接件连接错误,扣 2 分		
2	限位开关初始位置	在控制阀门动作之前限位开关需要移至阀门行程之外	10	1. 未将限位开关移至阀门行程之外,扣 5 分 2. 工器具使用不正确,扣 2 分		
3	电磁阀检查	1. 电磁阀极性是否正确 2. 电磁阀接线是否牢固且绝缘合格	10	1. 电磁阀未检查极性,扣 5 分 2. 电磁阀未检查绝缘,扣 5 分 3. 电磁阀接线不牢固,扣 2 分		
4	接通气源,检查气动阀的整体气路是否存在泄漏	1. 气路检查完整 2. 如果存在泄漏,需要切断气源,对泄漏点进行处理后再通气	10	1. 气路检查不完整扣 4 分 2. 未切断气源就进行漏点处理,扣 4 分 3. 工器具使用不正确,扣 2 分		
5	检查过滤减压阀输出气压是否在允许范围内	1. 通过压力表检查减压阀后压力 2. 如果压力不满足要求,通过调节减压阀进行调整	5	1. 压力表压力不满足要求,扣 3 分 2. 减压阀调整完毕后未锁死,扣 2 分		
6	阀门开关时间测定	1. 阀门开启时间测定 2. 阀门关闭时间测定	5	1. 未进行正确测定,扣 5 分		
5	限位开关位置调整	1. 限位开关触发正确 2. 限位开关恢复正确	10	1. 限位开关不能正确触发,扣 5 分 2. 限位开关不能正确复位,扣 5 分		
6	确认工作完成,清理工作现场	工完料净场地清	5	未工完料净,扣 5 分		

否定项:限位开关损坏

电磁阀损坏

评分:

3.2 阀门校验报告填写(40 分)

根据阀门检查和校验过程填写校验报告,未涉及的内容填写 N/A。

评分标准:漏填或错填一项扣 1 分。

否定项:编造数据;随意修改数据而不签字。

	气动执行机构(两位阀)校验报告			No.:	
工作票号:		设备编码:		安装位置:	
设备(工艺)名称					
作用方向:	□气开 □气关		□上进气 □下进气		
工作介质名称:					
校验仪器	名称	型号	出厂编号	准确度%	有效日期

气动执行器检查参数:

标称行程/mm	实际行程/mm	开时间/s	关时间/s

电磁阀参数:

厂家	型号	电压等级(DC/AC)	方式(两位三通/两位四通)	失电状态

减压阀参数:

厂家	型号	输出气压/bar

限位开关型号/规格:							
限位开关状态:	阀门全开				阀门全关		
	开反馈:		关反馈:		开反馈:		关反馈:
绝缘检查:□					外观检查:□完好 □破损		
结论:□合格 □不合格							
备注:							
记录人:		负责人:		审核人:			
日期:		日期:		日期:			

重要说明: 1. 记录表格中设备信息和校验标准数据禁止手写修改,若有手写修改则此表作废。
2. 如实际校验值与标准值偏差达 10%以上则停止校验并通知班组

评分:

3.3　总分

项目	阀门检查与校验操作	阀门校验报告填写
项目评分		
总分		

评分人：　　　年　　月　　日　　　　　　　　　　　　　　　　核分人：　　　年　　月　　日

第五部分　FISHER 546 型电—气转换器检查和标定

第一章　操作准备

1.1　原理描述

1.1.1　FISHER 546 型电—气转换器工作原理

如图 1-1 FISHER 546 型电—气转换器工作原理图所示，极性杆已经被永磁铁极化，磁极已经在图示上标注。磁极的吸引导致挡板喷嘴端向下并且反馈波纹管向上，使得挡板发

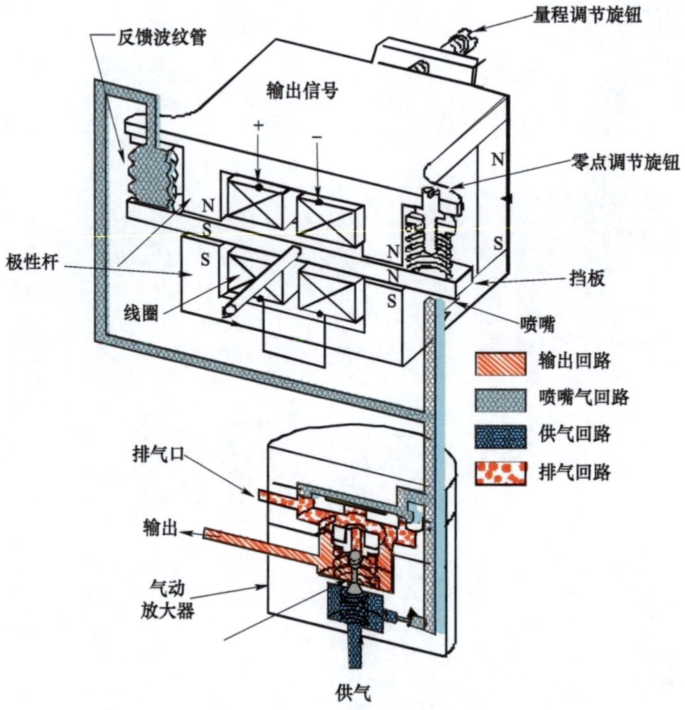

图 1-1　FISHER 546 型电—气转换器工作原理

生旋转，从而使挡板与喷嘴的距离变小，使得喷嘴出口的压力上升，通过气动放大器后输出到气动定位器或阀门执行机构上。同时反馈波纹管压力增加使得对挡板的作用力增加，从而使得力达到平衡位置。喷嘴出口压力与电流输入通过力平衡原理进行比较。

当直流信号减小时，磁场吸引的空气间隙变小。挡板旋转远离喷嘴口，使得喷嘴出口的压力下降，通过气动放大器后输出到气动定位器或阀门执行机构上。同时反馈波纹管压力减少使得对挡板的作用力减少，从而使得力达到平衡状态。

1.1.2 FISHER 546 型电—气转换器性能参数

1. 输入信号

FISHER 546 型电—气转换器输入信号种类较多，主要有 1～5 mAdc、4～20 mAdc、10～50 mAdc、1～9 Vdc 等。

2. 线圈电阻

1～5 mAdc 输入信号的电—气转换器线圈电阻为(2 500±120)Ω；4～20 mAdc 输入信号的电—气转换器线圈电阻为(176±10)Ω；10～50 mAdc 输入信号的电—气转换器线圈电阻为(90±10)Ω；1～9 Vdc 输入信号的电—气转换器线圈电阻为(1 300±50)Ω。

3. 输出信号

FISHER 546 型电—气转换器的输出信号量程较多，在选择时要注意输出量程是否满足气动阀门的运行要求。其主要的输出量程有 3～15 psi、6～30 psi、3～27 psi、0～18 psi、0～33 psi 等。

4. 供气气源

电—气转换器要求的供气源为高于其输出量程值 5 psig，最大不能超过 50 psig。如输出量程为 3～15 psig 的电—气转换器其供气气源压力应为 20 psig。

5. 输出精度

电—气转换器的输出参考精度为满量程的 1%。

1.1.3 FISHER 546 型电—气转换器的连接

略。

1.1.4 气路连接

FISHER 546 型电—气转换器的所有气路连接都常用 1/4 in (英寸)NPT 阴螺纹接头。所有气路连接都采用 3/8 in (英寸)仪表管。

电—气转换器的供气气源要求为清洁、干燥、无油和非腐蚀性气体。如果气源介质不是清洁、干燥、无油和非腐蚀性气体，其工作过程将会不稳定，从而可能对人员和设备造成严重的伤害和损坏。通常安装一个能过滤直径大于 40 μm 的颗粒的过滤器就能满足大部分场合的要求。

1.1.5 电气连接

电—气转换器的信号线连接接口采用 1/2 in(英寸)NPT 管道连接。将控制设备接出的正极导线连接到电—气转换器正极接线端子上(红色线位置),控制设备接出的负极导线连接到电—气转换器的负极接线端子上(黑色线位置)。

1.2　文件准备

无。

1.3　工器具准备

数字万用表、一字螺丝刀、十字螺丝刀、电流源、英制扳手一套(1/4～7/8 英寸),标准压力表(0～200 kPa)及其配套的连接软管

1.4　模拟体准备

FISHER 546 型电—气转换器。

1.5　辐射防护准备

无。

1.6　工业安全准备

必要的防护用品:防砸鞋、安全帽等,主控室工作不能戴安全帽。

1.7　配合人员准备

无。

1.8　场地准备

技能培训中心。

第二章　操作实施

2.1　操作实施1：FISHER 546型电—气转换器标定前确认

见表2-1。

表2-1　FISHER 546型电—气转换器标定前确认

序号	操作步骤	操作要求	工器具	测评标准	备注
1	电—气转换器输入气源压力确认	确认电—气转换器的输入压力供气减压阀已完成检查，减压阀的输出压力为(140±5)kPa	无	按操作要求完成	
2	标定工器具确认	确认标定电—气转换器所需的工具器准备完成，电流源、标准压力表在标定有效期内	无	按操作要求完成	
3	确认电—气转换器的出入量程	在电—气转换器名牌中确认其输入量程，如4～20 mA、4～12 mA、12～20 mA，如量程标定错误将导致阀门无法正常工作	无	按操作要求完成	

2.2　操作实施2：FISHER 546型电—气转换器线圈电阻的检查

见表2-2。

表2-2　FISHER 546型电—气转换器线圈电阻的检查

序号	操作步骤	操作要求	工器具	测评标准	备注
1	拆下电—气转换器外盖	用手逆时针方向旋下电—气转换器外盖，并放到不影响工作的安全位置	无	按操作要求完成	
2	拆除电—气转换器接线	用螺丝刀在电—气转换器的接线端子上拆除电气转换的输入接线(红色和黑色)并记录好各自的位置	螺丝刀	按操作要求完成	
3	测量电—气转换器的线圈电阻	用万用表测量电—气转换器的线圈电阻并记录到工作报告中。如线圈电阻不满足要求，则需要更换。常用的4～20 mAdc输入信号的电—气转换器线圈电阻为(176±10)Ω	万用表	按操作要求完成	

2.3　操作实施3：FISHER 546型电—气转换器标定前准备

见表2-3。

表 2-3　FISHER 546 型电—气转换器标定前准备

序号	操作步骤	操作要求	工器具	测评标准	备注
1	标准电流源的连接	在电—气转换的输入接线上连接上标准电流源。电流源正极接电—气转换器的红色线，电流源负极接电—气转换器的黑色线	标准电流源，呆扳手	按操作要求完成	
2	标准压力表的连接	1. 用呆扳手松开电—气转换器的输出管接头 2. 移开电—气转换器的正式输出管线 3. 在电—气转换器的输出口上连接标准压力测量仪表 4. 用呆扳手紧固标准压力表连接头	标准压力表，呆扳手	按操作要求完成	

2.4　操作实施 4：FISHER 546 型电—气转换器标定前原始数据记录

见表 2-4。

表 2-4　FISHER 546 型电—气转换器标定前原始数据记录

序号	操作步骤	操作要求	工器具	测评标准	备注
1	电—气转换器零点输出值记录	1. 加电—气转换器零量程的电流值（4 mA 或 12 mA） 2. 记录电—气转换器在 4 mA 的输出压力值	标准电流源，标准压力表	按操作要求完成	
2	电—气转换器 25%输出值记录	1. 加电—气转换器输入信号的 25%电流值 2. 记录电—气转换器在输入信号的 25%电流值时输出压力值	标准电流源，标准压力表	按操作要求完成	
3	电—气转换器 50%输出值记录	1. 加电—气转换器输入信号的 50%电流值 2. 记录电—气转换器在输入信号的 50%电流值时输出压力值	标准电流源，标准压力表	按操作要求完成	
4	电—气转换器 75%输出值记录	1. 加电—气转换器输入信号的 75%电流值 2. 记录电—气转换器在输入信号的 75%电流值时输出压力值	标准电流源，标准压力表	按操作要求完成	
5	电—气转换器 100%输出值记录	1. 加电—气转换器输入信号的 100%电流值 2. 记录电—气转换器在输入信号的 100%电流值时输出压力值	标准电流源，标准压力表	按操作要求完成	
6	电—气转换器 75%输出值记录	1. 加电—气转换器输入信号的 75%电流值 2. 记录电—气转换器在输入信号的 75%电流值时输出压力值	标准电流源，标准压力表	按操作要求完成	
7	电—气转换器 50%输出值记录	1. 加电—气转换器输入信号的 50%电流值 2. 记录电—气转换器在输入信号的 50%电流值时输出压力值	标准电流源，标准压力表	按操作要求完成	

续表

序号	操作步骤	操作要求	工器具	测评标准	备注
8	电—气转换器25%输出值记录	1. 加电—气转换器输入信号的 25%电流值 2. 记录电—气转换器在输入信号的 25%电流值时输出压力值	标准电流源，标准压力表	按操作要求完成	
9	电—气转换器零点输出值记录	1. 加电气转换器零量程的电流值（4 mA 或 12 mA） 2. 记录电—气转换器在 4 mA 的输出压力值	标准电流源，标准压力表	按操作要求完成	

2.5　操作实施 5：FISHER 546 型电—气转换器标定

见表 2-5。

表 2-5　FISHER 546 型电—气转换器标定

序号	操作步骤	操作要求	工器具	测评标准	备注
1	电—气转换器零点输出值调整	1. 加电—气转换器零量程的电流值（4 mA 或 12 mA） 2. 调节零点螺丝使输出压力为（20±0.8）kPa，顺时针调节零点螺丝为增加输出压力，逆时针调节零点螺丝为减少输出压力	标准电流源，标准压力表，螺丝刀	按操作要求完成	
2	电—气转换器满量程输出值调整	1. 加电—气转换器零量程的电流值（12 mA 或 20 mA） 3. 调节量程螺丝使输出压力为（100±0.8）kPa，顺时针调节零点螺丝为增加输出压力，逆时针调节零点螺丝为减少输出压力	标准电流源，标准压力表，螺丝刀	按操作要求完成	
3	电—气转换器零点、量程重复调整	重复电—气转换器零点输出值调整和电—气转换器满量程输出值调整两个步骤，直至转换器输出的零点和满点满足 1%满量程的误差范围内	标准电流源，标准压力表，螺丝刀	按操作要求完成	
4	电—气转换器输出值线性确认	加电气转换器输入信号 25%、50%、75%三个点的电流值，确认电—气转换器输出均满足 1%满量程的误差要求，如不能满足，需要更换电—气转换器	标准电流源，标准压力表	按操作要求完成	

2.6　操作实施 6：FISHER 546 型电—气转换器标定合格后数据记录

见表 2-6。

表 2-6 FISHER 546 型电—气转换器标定合格后数据记录

序号	操作步骤	操作要求	工器具	测评标准	备注
1	电—气转换器零点输出值记录	1. 加电—气转换器零量程的电流值(4 mA 或 12 mA) 2. 记录电—气转换器在 4 mA 的输出压力值	标准电流源,标准压力表	按操作要求完成	
2	电—气转换器 25%输出值记录	1. 加电—气转换器输入信号的 25%电流值 2. 记录电—气转换器在输入信号的 25%电流值时输出压力值	标准电流源,标准压力表	按操作要求完成	
3	电—气转换器 50%输出值记录	1. 加电—气转换器输入信号的 50%电流值 2. 记录电—气转换器在输入信号的 50%电流值时输出压力值	标准电流源,标准压力表	按操作要求完成	
4	电—气转换器 75%输出值记录	1. 加电—气转换器输入信号的 75%电流值 2. 记录电—气转换器在输入信号的 75%电流值时输出压力值	标准电流源,标准压力表	按操作要求完成	
5	电—气转换器 100%输出值记录	1. 加电—气转换器输入信号的 100%电流值 2. 记录电—气转换器在输入信号的 100%电流值时输出压力值	标准电流源,标准压力表	按操作要求完成	
6	电—气转换器 75%输出值记录	1. 加电—气转换器输入信号的 75%电流值 2. 记录电—气转换器在输入信号的 75%电流值时输出压力值	标准电流源,标准压力表	按操作要求完成	
7	电—气转换器 50%输出值记录	1. 加电—气转换器输入信号的 50%电流值 2. 记录电—气转换器在输入信号的 50%电流值时输出压力值	标准电流源,标准压力表	按操作要求完成	
8	电—气转换器 25%输出值记录	1. 加电—气转换器输入信号的 25%电流值 2. 记录电—气转换器在输入信号的 25%电流值时输出压力值	标准电流源,标准压力表	按操作要求完成	
9	电—气转换器零点输出值记录	1. 加电—气转换器零量程的电流值(4 mA 或 12 mA) 2. 记录电—气转换器在 4 mA 的输出压力值	标准电流源,标准压力表	按操作要求完成	

2.7 操作实施 7:FISHER 546 型电—气转换器标定完成后恢复

见表 2-7。

表 2-7 FISHER 546 型电—气转换器标定完成后恢复

序号	操作步骤	操作要求	工器具	测评标准	备注
1	拆除电流源恢复接线	将连接到电—气转换标准电流源拆除 将电—气转换器的信号线安装到接线端上并用螺丝刀紧固	螺丝刀	按操作要求完成	
2	恢复电—气转换器外盖	用手顺时针方向旋紧电—气转换器外盖,观察标准压力表测得的电—气转换器输出压力是否与输入电流信号一致(误差小于 1%满量程),如不一致重新检查标定	无	按操作要求完成	

续表

序号	操作步骤	操作要求	工器具	测评标准	备注
3	拆除电—气转换器出口的标准压力表恢复输出管线	1. 用呆扳手松开标准压力表连接到电—气转换器接口处的接头,拆除标准压力表 2. 回装电—气转换器的正式输出管线 3. 用呆扳手紧固电—气转换器的正式输出管线 4. 用检漏液检查电—气转换器输出接口,确认没有泄漏	呆扳手	按操作要求完成	

第三章 故障检查和处理

3.1 常见故障现象和判断方法检查和处理

见表 3-1。

表 3-1 故障现象和判断方法检查和处理

序号	故障现象	判断方法
1	电—气转换器无输出	使用标准压力表测量电—气转换器的输出值
2	电—气转换器的输出值偏差大	使用标准压力表测量电—气转换器的输出值

3.2 常见故障原因分析和故障排除方法

1. FISHER 546 型电—气转换器无输出

见表 3-2。

表 3-2 无输出故障原因分析和排除方法

序号	故障原因分析	故障排除方法
1	电—气转换器气源没有投运	打开电—气转换器供气气源
2	电—气转换器输入信号接反	用万用表检查输入信号的正负极并按正确的输入信号正负极重新进行连接
3	电—气转换器输入信号没有接通	检查电—气转换器的输入回路并紧固相关接线
4	电—气转换器损坏	更换新的电—气转换器

2. FISHER 546 型电—气转换器的输出值偏差大

见表 3-3。

表 3-3 输出值偏差大故障原因分析和排除方法

序号	故障原因分析	故障排除方法
1	电—气转换器输入量程标定错误	检查电—气转换器本体上的铭牌输入电流值，并按照正确输入电流值重新标定
2	电—气转换器线圈电阻值超出范围	更换新的电—气转换器
3	电—气转换器损坏	更换新的电—气转换器

第四章　操作结束

4.1　总结回顾培训过程以及关键点

4.2　针对学员技能培训进行点评

4.3　召开技能培训操作工后会

4.4　征求学员对技能培训及教材的信息反馈

第五章　经验反馈

5.1　FISHER 546 型电—气转换器输入压力对输出压力的影响

正常情况下电—气转换器的气源输入压力控制在(140±5)kPa,经过实际测试研究气源输入压力变化值与输出压力的变化值在 10:1 以下,即输入压力变化 10 kPa 输出压力变化在 1 kPa 以下。具体见表 5-1。

表 5-1　电—气转换器气源输入压力与输出压力关系表

输入电流/mA	气源输入压力/kPa								
	100.2 kPa 压力下输出压力	110.2 kPa 压力下输出压力	120.9 kPa 压力下输出压力	130.4 kPa 压力下输出压力	139.7 kPa 压力下输出压力	150.3 kPa 压力下输出压力	160.8 kPa 压力下输出压力	170.5 kPa 压力下输出压力	180.6 kPa 压力下输出压力
4	16.66	17.66	18.73	19.85	20.81	21.68	22.42	23.18	23.89
8	36.55	37.53	38.55	39.59	40.51	41.36	42.22	42.94	43.61
12	56.68	57.68	58.73	59.7	60.65	61.49	62.28	63.08	63.77
16	76.97	78.05	79.04	80.03	80.9	81.72	82.58	83.36	84.08
20	97.14	98.42	99.46	100.41	101.31	102.11	103.01	103.81	104.54

5.2　FISHER 546 型电—气转换器安装位置和输入接线布置不合理影响

FISHER 546 型电—气转换器属于机械式机构,如电—气转换器所处环境持续高振动将导致内部机械结构松动,导致输出压力漂移。

根据图 5-1 可知,FISHER 546 电—气转换器挡板横穿电—气转换器主体,挡板两侧分别有零位调节弹簧和反馈波纹管。当电—气转换器信号输入线引进到内部后因部分安装时接线过长,导致接线在电—气转换器内部转 1 到 2 圈后安装到输入信号接线柱上。因输入信号线为单芯铜线,相对硬度较高,部分电—气转换器的输入信号线碰到反馈波纹管处的挡板上,导致挡板另一端向喷嘴靠近,引起电—气转换器输出压力漂高。在恢复接线和电—气转换器外盖时,一定要确认电—气转换器的接线没有碰到挡板,否则将导致电—气转换器输出偏差大。

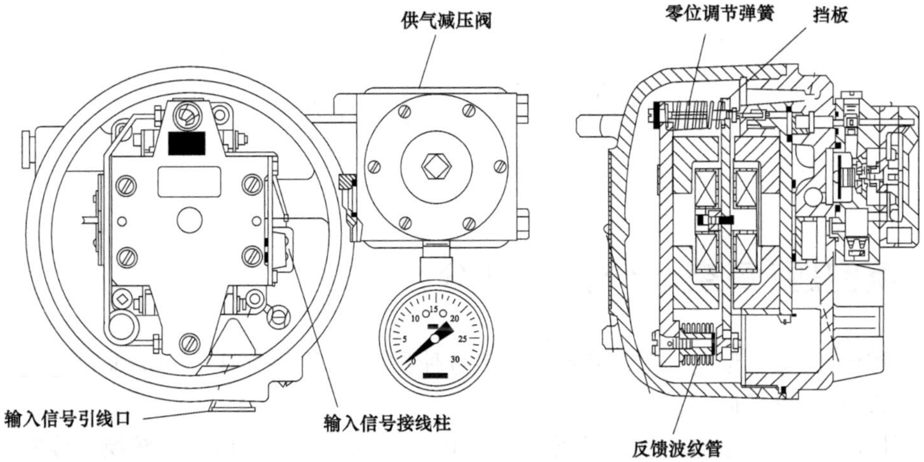

图 5-1 FISHER 546 型电—气转换器内部结构图

第六章 习 题

6.1 填空题(每空 5 分,共 30 分)

1. FISHER 546 型电—气转换器输入信号种类较多,主要有 1～5 mAdc、4～20 mAdc、10～50 mAdc、1～9 Vdc 等。

2. FISHER 546 型电—气转换器 4～20 mAdc 输入信号的电—气转换器线圈电阻为(176±10)Ω。

3. FISHER 546 型电—气转换器输出量程有 3～15 psig、6～30 psi、3～27 psi、0～18 psi、0～33 psi 等。

4. 输出量程为 3～15 psi 的电—气转换器其供气气源压力应为 20 psi。

5. FISHER 546 型电—气转换器的输出参考精度为满量程的 1%。

6.2 选择题(多选题)(每题 10 分,共 30 分)

1. FISHER 546 型电—气转换器的输出信号量程较多,在选择时要注意输出量程是否满足气动阀门的运行要求。其主要的输出量程有?(A、B、C、D)

A. 3～15 psi　B. 6～30 psi

C. 3～27 psi　D. 0～18 psi 和 0～33 psi

2. 输入信号:FISHER 546 型电—气转换器输入信号种类较多,主要有(A、B、C、D)

A. 1～5 mAdc　B. 4～20 mAdc　C. 10～50 mAdc　D. 1～9 Vdc

3. 标定 FISHER 546 型电—气转换器需要使用到那些工器具(A、B、D)

A. 呆扳手　B. 电流(电压)信号源

C. 力矩扳手　D. 标定压力表

6.3 问答题

1. 简述 FISHER 546 型电—气转换器的工作原理。(20 分)

磁极的吸引导致挡板喷嘴端向下并且反馈波纹管向上,使得挡板发生旋转,从而使挡板与喷嘴的距离变小,使得喷嘴出口的压力上升,通过气动放大器后输出到气动定位器或阀门执行机构上。同时反馈波纹管压力增加使得对挡板的作用力增加,从而使得达到平衡位置。喷嘴出口压力与电流输入通过力平衡原理进行比较。

当直流信号减小时,磁场吸引的空气间隙变小。挡板旋转远离喷嘴口,使得喷嘴出口的压力下降,通过气动放大器后输出到气动定位器或阀门执行机构上。同时反馈波纹管压力减少使得对挡板的作用力减少,从而使得力达到平衡状态。

2. FISHER 546 型电—气转换器的供气气源有什么要求,为什么?(20 分)

答:电—气转换器的供气气源要求为清洁、干燥、无油和非腐蚀性气体。

如果气源介质不是清洁、干燥、无油和非腐蚀性气体,其工作过程将会不稳定,从而可能对人员和设备造成严重的伤害和损坏。

6.4 实操题

鉴定点:某厂仪控车间(S1—224)

试题:FISHER 546 型电—气转换器的检查和标定

1. 准备要求

考场准备:

(1) 试题名称:FISHER 546 型电—气转换器的检查和标定

(2) 本题分值:100 分

(3) 考核时间:45 min

(4) 考核形式:实操

(5) 设备设施准备:FISHER 546 型电—气转换器

考生准备:

(1) 工器具、材料及量具等器具准备

(2) 维修文件准备

(3) 工业安全和辐射防护准备

(4) 辅助人员准备

2. 考核要求

(1) 考核场地要求:现场整洁,工器具摆放有序,符合工业安全要求

(2) 实际操作要求:具体考核要求详见岗位培训评价表

(3) 否定项说明:

1) 考试过程中,非考生本人亲自参加考核。

2) 技能培训中操作步骤不按顺序执行并已经导致操作部分无法成功完成。

3) 遗漏技能培训科目操作步骤中的关键步骤,导致操作部分无法完成。

4) 技能培训操作中严重违反安全生产相关规定的操作步骤。

5) 出现严重偏离技能培训目标标准的答案。

(4) 其他:辅助人员帮助或提示考生酌情予以扣分。

3. 其他说明

本实操题考核的前提条件是:可用的 FISHER 546 型电—气转换器一台,电—气转换器的供气气源能正常提供。

4. 配分与评分标准

序号	考核内容	考核要点	配分	评分标准	扣分	得分
1	实操前工作准备	1. 工器具、材料、备件准备 2. 文件准备 3. 工业安全及辐射防护准备 4. 场地布置准备	10分	1. 要求工器具、材料备件齐全，有遗漏项目扣3分 2. 使用最新版已发布生效的规程，如没有确认扣3分 3. 个人防护用品穿戴齐全，按实际情况执行，未按要求准备扣2分。 4. 工器具、材料等分类摆放整洁，视准备情况扣1～2分		
2	标定检查前确认	标定检查前的调节确认	10分	5. 电—气转换器输入气源压力确认，没有确认扣5分 6. 确认电—气转换器的出入量程与标定单一致，没有确认扣5分		
3	电—气转换器线圈电阻的检查	使用万用表测量电—气转换器的线圈电阻	10分	7. 电—气转换器接线拆除错误扣5分 8. 没有测量电—气转换器的线圈电阻扣5分		
4	电—气转换器标定前准备	检验电流源和标准压力表的连接	10分	9. 标准电流源连接错误扣5分 10. 标准压力表的连接错误扣5分		
5	电—气转换器标定前原始数据记录	检验标定前原始数据的记录	10分	11. 没有记录标定前原始值扣10分 12. 标定前原始数据记录不完成扣5分		
6	电—气转换器标定	检验电—气转换器标定的正确性	10分	13. 电—气转换器不会标定扣10分 14. 电气转换器标定不合格扣5分		
7	电—气转换器恢复	电—气转换器恢复步骤和泄漏检查	10分	15. 拆除电流源恢复接线错误扣5分 16. 拆除电—气转换器出口的标准压力表恢复输出管线后没有查漏扣5分		
8	维修工器具的正确使用	维修工具、专用工具、量具等	10分	17. 未正确使用工器具酌情扣分 18. 不会使用工器具扣10分		
9	文明检修情况	零部件摆放、维修操作过程	10分	19. 要求零部件、工器具摆放有序，酌情扣分 20. 野蛮操作，酌情扣分		
10	操作时间	时间控制	10分	每超过1分钟扣1分		
合计			100分			

否定项：发生人员受伤或设备损坏事件

评分人：　　年　月　日　　　　　　　　核分人：　　年　月　日

第六部分　气动阀门定位器检查和校验

第一章　操作准备

1.1　原理描述

1.1.1　调节阀简介

调节阀又称控制阀,它是过程控制系统中用动力操作改变流体流量的装置,调节阀由执行机构和阀组成。执行机构起推动作用,阀起调节流量的作用。执行机构是将控制信号转换成相应的动作控制阀杆的位移。信号或驱动力可以为气动、电动、液动等。阀与介质直接接触,在执行机构的推动下,通过改变阀芯与阀座之间的流通面积,从而达到调节流量的目的。以压缩空气为动力源的调节阀为气动调节阀;以电为动力源的调节阀则为电动调节阀。其中气动阀在核电厂的应用最为广泛,此外,还有液动调节阀、自立式调节阀等。

1.1.2　气动调节阀的组成及分类

1. 调节阀的产品类型很多,结构多种多样。一般来说阀是通用的,即可以与气动执行机构或其他执行机构匹配使用。

2. 根据需要,气动调节阀可以配用各种各样的附件,使它的使用更方便,功能更完善,性能更优良,这些附件有阀门定位器、手轮机构、电气转换器等。

1.1.3　气动执行机构

气动执行机构的种类有很多,常用的有气动薄膜执行机构、气动活塞式执行机构、滚动膜片执行机构、侧装式气动执行机构等。

1.1.4　气动薄膜执行机构

气动薄膜执行机构是一种最常用的执行机构。气动薄膜执行机构分正作用和反作用两种形式。输入压力增加时推杆向下动作的叫正作用执行机构;输入压力增加时推杆向上动作的叫正作用执行机构。正、反作用执行机构结构基本相同,均由上膜盖、下膜盖、推杆、支架、压缩弹簧、弹簧座、调节件、标尺等组成。

这种执行机构的输出特性是比例式的,即输出位移与输入的气压信号成比例关系。到信号压力通入膜片气室时,在薄膜上产生一个推力,使推杆移动并压缩弹簧。当弹簧的反作用力与信号压力在薄膜上产生的推力相平衡时,推杆稳定在一个新的位置。信号压力越大,在薄膜上产生的推力就越大,则与它平衡的弹簧反力也越大,即推杆位移量越大。推杆的位移就是执行机构的直线输出位移,也称为行程。

1.1.5 阀门定位器

1.1.6 阀门定位器的原理

阀门定位器是调节阀的主要附件,它将阀杆位移信号作为输入的反馈测量信号,以控制器输出信号作为设定信号,将两者进行比较,当两者有偏差时,改变其到执行机构的输出信号,使执行机构动作,建立了阀杆位移信号与控制器输出信号的一一对应关系。因此,阀门定位器组成一阀杆位移为测量信号,以控制器输出为设定信号的反馈控制系统。阀门定位器按输入信号分为气动阀门定位器和电/气阀门定位器。气动阀门定位器的输入信号是标准气信号,如 20～100 kPa 气信号,而电/气定位器的输入信号是标准电流或电压信号,如 4～20 mA 或 1～5 V,在定位器内部将电信号转换为电磁力,然后输出气信号到气动调节阀。

1.1.7 阀门定位器的优点

定位器把控制信号与反映阀门实际位置的机械反馈信号进行比较,从而修正阀门的位置。阀门定位器具有下列优点:

1. 减小阀杆与填料之间的摩擦、滞后所带来的影响。
2. 使信号的范围可调。
3. 可以使信号的模式取反。
4. 提高了执行器的响应速度。
5. 可以改变阀门流通特性。

1.1.8 Masoneilan(4700 型)气动阀门定位器

1.1.9 概述

功能:Masoneilan(4700 型)气动阀门定位器能够使阀门的行程与控制器发出的气控制或电控制信号成线性正比关系,或者可以通过特征型凸轮来修正阀门自身的自然流量特性。它们具有分程式阀门工作范围,可以使用辅助空气气源以获得更大的压降。Masoneilan(4700 型)气动阀门定位器系统也可以配置成使阀门对控制信号具有逆向响应特性(即控制信号可以开也可以关阀门)。

工作原理:4700 型定位器是基于力平衡原理(见图 1-1):即在隔膜上所施加的信号压力受到反馈弹簧的对抗。在两个力达到平衡的状态下,当气动信号发生变化时,隔膜组件就会移动。从而带动受导杆弹簧平衡的导杆的运动。导杆运动可以使输出回路交替地轮流地接通气源或排气口，从而修正了向执行机构提供的压力。凸轮将杆的运动传送给反馈弹簧。阀杆不断地运动直到与隔膜上的仪表信号力达到平衡为止。在新的平衡状态下，阀杆按程序设定的与仪表信号的相对关系进行定位。

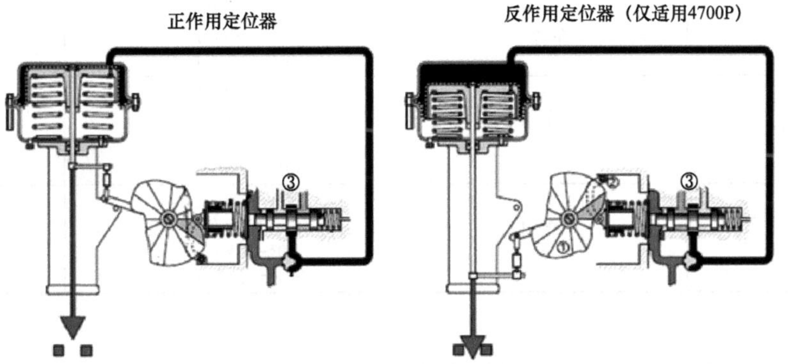

图 1-1 定位器简图

1. 定位器部件

(1) 导向阀

导向阀(见图 1-2)基本上是一种三通型滑阀。阀杆可以调节空气流量，控制其从执行机构流向排气口。阀杆的位置受隔膜的控制，这便可确定定位器的压力。4700 气动式定位器可以通过互换供气和排气操作以及改变凸轮瓣和杠杆的朝向来使阀门运用反向(正向作用：仪表信号压力的增加可以使输出压力增加。反向作用：仪表信号压力的增加可以使输出压力减少)。

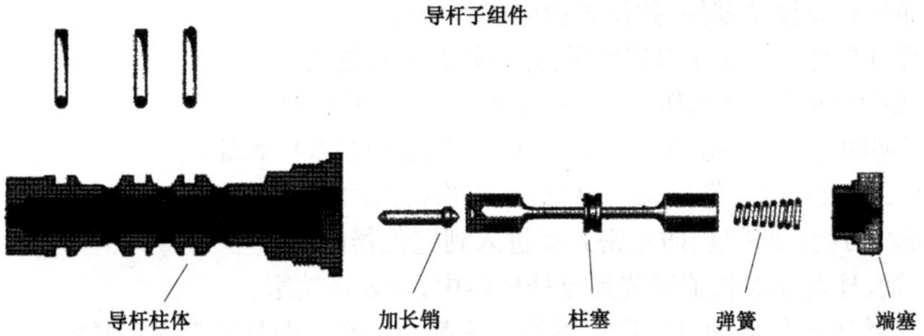

图 1-2 导向阀

(2) 凸轮

凸轮是反馈机构中的中间单元(执行机构和反馈弹簧之间)。其外型决定了阀杆位置和控制信号之间的关系。通过正确地选择各型凸轮瓣，就可以获得“线性”“分程线性”以及“百分控制”特性(见图 1-3)。

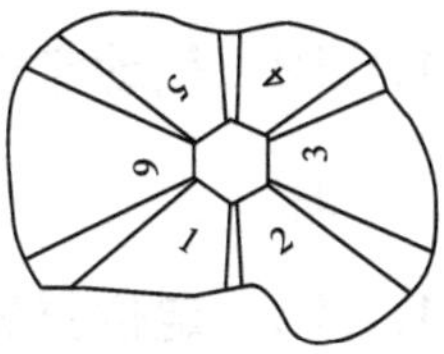

图 1-3

阀门动作	定位器动作	量程和特性	凸轮瓣
气动打开	正作用 右臂	0～100%Lin 0～100%Perc 0～50%Lin 50%～100%Lin	5 2 10 9
	反作用 左臂	0～100%Lin 0～100%Perc 0～50%Lin 50%～100%Lin	11 1 4 3
气动关闭	正作用 左臂	0～100%Lin 0～100%Perc 0～50%Lin 50%～100%Lin	11 1 4 3
	反作用 右臂	0～100%Lin 0～100%Perc 0～50%Lin 50%～100%Lin	5 2 10 9

1.1.10 气动定位器导杆组件拆装及内部清洁

1.1.11 定位器导杆组件拆装操作步骤

1. 拆下定位器,将定位器的固定螺栓及相关附件用白布包好。
2. 拆下定位器导杆组件的端塞,取出弹簧、柱塞和加长销,参考图 1-4。
注意:切勿拆卸或调整加长销。
3. 取出导杆柱体。
注意:在拆卸导杆柱体时应该一边退送一边转动以免损坏“O”型圈。
4. 拆下定位器上的压力表和仪表管接头。
5. 用工具拆除定位器上的压力表和管接头安装孔处残留的螺纹密封胶。
6. 用干净的软布擦拭零件,并用异丙醇进行清洁。
7. 拆下导杆柱体上的三个“O”型圈,并用软布进行清洁。
8. 检查“O”型圈是否有损伤,如果有则更换新的“O”型圈。
9. 在“O”型圈上涂上一层薄薄的轻型油脂,然后回装“O”型圈。
10. 回装压力表和仪表管接头,并用白布擦除挤出的螺纹密封胶。
注意:螺纹密封胶要适量,防止密封胶进入到定位器内部。
11. 将弹簧、柱塞和加长销回装到导杆柱体中,并装好端塞。
注意:每次检查定位器和清洗定位器导杆后都必须确认端塞是否固定紧固。
12. 确认导杆组件安装孔内清洁没有异物。
13. 回装导杆组件。

1.1.12 气动定位器整体更换

略。

1.1.13 定位器整体操作步骤

1. 确认定位器的供气气源及控制气气源都已经被隔离。

2. 将阀门反馈杆和定位器连杆脱开。

注意：反馈杆连接配件比较小，注意不能丢失，同时要保护好反馈杆。

3. 将定位器与执行机构、电气转换器及供气减压阀的连接气源管线拆除。

4. 松开固定定位器的固定螺栓，并将定位器从阀体上取下。

5. 将定位器上的反馈机构拆下并安装到新的定位器上。

注意：拆卸/安装反馈机构时，注意反馈凸轮所使用的区域和连杆安装位置。

6. 从旧定位器上拆下定位器安装支架并安装到新定位器上。

7. 从旧定位器上拆下气源接头，并安装到新定位器上。

注意：如发现接头密封面有损伤或螺纹损伤，则必须更换。

8. 将新定位器重新安装到阀体上。

9. 将阀门反馈杆和定位器连杆重新连接。

10. 重新连接定位器与执行机构、电气转换器及供气减压阀的气源管线。

11. 调整反馈杆长度，使反馈凸轮的零位标志线与定位器上的参考线在一直线上。

12. 重新打开定位器的供气气源及控制气源

1.1.14 气动阀门定位器的调校

阀门定位器调校示意图见图 1-4。

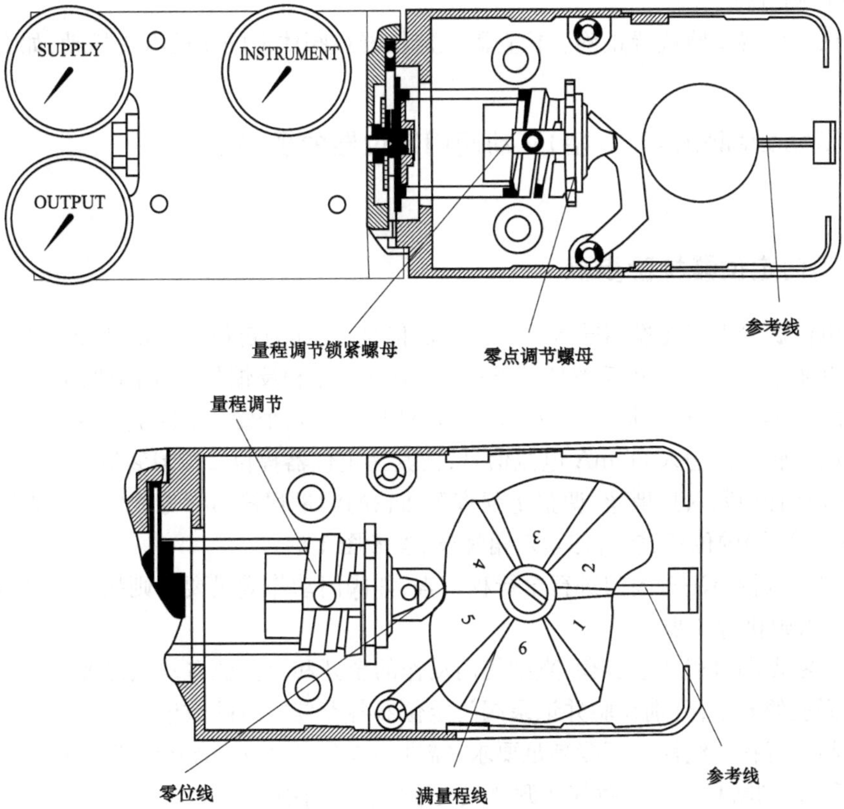

图 1-4 阀门定位器调校示意图

1.1.15 Masoneilan(4700 型)气动阀门定位器的现场检查和校验

略。

1.1.16 Masoneilan(4700 型)气动阀门定位器的现场检查

略。

阀门定位器检查操作步骤

1. 确认有足够的气源压力能使阀门进行工作。测量定位器供给气源上游减压阀的出口压力值,并确认其满足阀门铭牌上的最小工作压力。

2. 检查并确认卸压阀的设定压力比减压阀的设定压力大 5 psi 以上。

3. 确认气动回路连接正确(供气、仪表信号和输出等),用检漏液检查仪表管线有无泄漏,如有,则进行紧固处理。

4. 根据《98-60465-MP-1090A》546 型电气转换器维修规程对电气转换器进行检查,确认其工作正常,输出满足要求。

5. 打开定位器的盖板,检查定位器内部组件(膜片、反馈弹簧、凸轮等)无磨损或裂痕,如有,则进行更换、

6. 检查定位器的反馈杆组件有无磨损或裂痕,固定螺栓无松动,反馈臂紧贴阀体的反馈挡板。如有,则进行更换。

7. 确认定位器安装位置正确。检查固定定位器在阀体上的螺栓有无松动,如有,则进行紧固处理。

1.1.17 Masoneilan(4700 型)气动阀门定位器的现场校验

略。

1.1.18 阀门定位器校验步骤

1. 用电流源给电气转换器输入 4 mA 电流信号,使其为定位器提供 20 kPa 信号。

2. 松开零点锁紧螺母和反馈杆锁紧螺母,调节零点和反馈杆直至凸轮的零位线与参考线成一条直线,阀门指示在全关(或关)的位置,然后拧紧两个螺母,参考图 1-4。

3. 给电气转换器输入 20 mA 电流信号,使其为定位器提供 100 kPa 信号。

4. 松开量程锁紧六角螺丝,调整量程直至凸轮的满量程线与参考线成一条直线,阀门指示在全开(或全关)的位置,然后拧紧六角螺丝,参考图 1-6。

5. 按照 5 点校验法对阀门进行全行程检查,如阀门动作满足要求则执行 7 步,如阀门动作不满足要求则执行 6 步。

6. 重复零点和量程调整步骤,直到阀门动作的全开和全关位置均满足要求。

7. 根据表的要求,分别校验并记录阀门定位器各点校验后的数值。

8. 如阀门行程的线性度不能满足要求,需进一步参考 Masoneilan(4700 型)气动阀门定位器维修手册,判断是否需要做其他调节或判断定位器、阀门故障。

(注意:如果阀门不能对满量程信号获得全行程,则表明反馈弹簧比率过高。退松螺丝并旋转弹簧端部处的弹簧,增加激活的弹簧圈数并减少弹簧比率。反之,如果还没有达到满

量程信号，却已经获得全行程，则应该转动螺丝、减少激活的弹簧圈数并增加弹簧比率。调整弹簧±1/4 圈会改变弹簧比率约±10%。调整弹簧以后，必须重新调整零位。这可以通过旋转调零螺母并上紧零位锁定螺母来完成。）

1.2　模拟体准备

模拟体处于可用状态。检查模拟体是否有损坏，核实可否正常动作，以确保教学过程的顺利实施。

1.3　辐射防护准备

模拟体无辐射风险。

1.4　工业安全准备

按照工业安全规定执行，所有人员需按规定正确穿戴劳动保护用品。所有人员必须佩戴安全帽、防砸鞋、工作服、手套等。检修场地使用警示带进行围栏，确保工作过程中无非工作人员进入。

1.5　配合人员准备

无。

1.6　场地准备

清理场地，确保检修场地无其他异物；合理分配场地，确保工具、设备的合理分布，方便检修；在场地外围布置警示带。

第二章　操作实施

2.1　操作实施1——Masoneilan(4700型)气动阀门定位器的现场检查和校验

操作步骤(工单)：

1. 确认工作对象。
2. 检查确认标准仪器。
3. 连接气动阀门定位器的校验回路。
4. 对 Masoneilan(4700 型)气动阀门定位器进行现场检查。
5. 对 Masoneilan(4700 型)气动阀门定位器进行现场校验。
6. 恢复接线。
7. 确认工作完成，清理工作现场。

工前会

见表 2-1。

表 2-1　工前会议记录表

	日期：
工作负责人/项目负责人会前需要确认的事项：	
☐ 维修工作包完整齐全；工作票证齐全；风险分析全面 ☐ 安全措施正确完备并已落实到位；隔离边界明确；工具和备品备件齐全 ☐ 工作组成员精神状态良好；个人防护用品和安全用具齐全 ☐ 水、电、气、汽源情况检查，确认试验期间对这些源的使用便利性和安全性	
工作负责人/项目负责人向工作小组成员交代以下事项：	
☐ 工作目的、工作对象、工作范围 ☐ 对工作组成员进行工作分工，明确工作地点及作业范围 ☐ 工作风险分析及预防性措施	
工作负责人/项目负责人与工作小组成员讨论并记录以下事项：	

续表

程序关键步骤、高风险步骤提示及预防性措施：
以往同类工作经验反馈介绍：
其他事项：
声明： 本人已参加此次工前会并已清楚工前会记录单中的内容及要求，并保证在工作实施过程中严格遵守和执行。 工作组全体成员签字/日期：

说明：

1. 工作负责人负责组织并主持召开工前会并完成文件的记录工作。
2. 开工前填写完成此表格，未完成或现场无此文件不准开工。
3. 工作组全体成员在了解记录单全部内容，并同意工前会声明后签字。
4. 记录单中的项目方框涉及就打"√"，没有涉及的内容就打"×"。

讨论记录事项空间不足可在背面记录，没有涉及的请填写"无"。

2.2　操作实施 2

见表 2-2。

表 2-2　操作步骤及要求

序号	操作步骤	操作要求	工器具	测评标准	备注
1	确认工作对象	根据标定单确认设备		自检/互检确认	
2	检查确认标准仪器	1. 检查标准仪器的有效期 2. 确认标准仪器的供电充足	仪用工具包	1. 确认标准仪器的量在有效期内 2. 确认标准仪器的供电充足	
3	连接气动阀门定位器的校验回路	1. 确认 FISHER 546 电/气转换器已完成标定 2. 将标准电流信号发生器连接 FISHER 546 电/气转换器的信号输入端	仪用工具包、标准仪器	1. 确认 FISHER 546 电/气转换器标定合格 2. 确认标准电流信号发生器与 FISHER 546 电/气转换器的信号输入端连接正确	
4	对 Masoneilan(4700 型)气动阀门定位器进行现场检查	1. 确认有足够的气源压力能使阀门进行工作 2. 确认定位器安装位置正确 3. 检查气动回路连接(供气、仪表信号和输出等)	仪用工具包、标准仪器	1. 测量定位器供给气源上游减压阀的出口压力值(阀门工作气源)，确认其压力在阀门铭牌允许的工作压力范围内 2. 确认在阀体上固定定位器的螺栓无松动	

续表

序号	操作步骤	操作要求	工器具	测评标准	备注
4	对 Masoneilan(4700 型)气动阀门定位器进行现场检查	4. 检查定位器内部组件 5. 检查定位器的反馈杆组件		3. 确认气动回路连接正确(供气、仪表信号和输出等),用检漏液检查仪表管线有无泄漏 4. 确认定位器内部组件(膜片、反馈弹簧、凸轮等)无磨损或裂痕 5. 确认定位器的反馈杆组件无磨损或裂痕,固定螺栓无松动,反馈臂紧贴阀体的反馈挡板	
5	对 Masoneilan(4700 型)气动阀门定位器进行现场校验	1. 根据阀门定位器标定(校验)单确认阀门定位器的正/反作用方式,以及相对应的凸轮工作区域是否正确 2. 调节阀门定位器零点 3. 调节阀门定位器满位 4. 调节阀门定位器全行程	仪用工具包	1. 根据阀门定位器标定(校验)单确认阀门定位器的正/反作用方式,以及相对应的凸轮工作区域正确 2. 用电流源给电气转换器输入 4 mA 电流信号,使其为阀门提供 20 kPa 信号,松开零点锁紧螺母和反馈杆锁紧螺母,调节零点和反馈杆直至凸轮的零位线与参考线成一直线,阀门指示在全关(或全开)的位置,然后拧紧两螺母 3. 给电气转换器输入 20 mA 电流信号,使其为阀门提供 100 kPa 信号,松开量程锁紧六角螺丝,调整量程直至凸轮的满量程线与参考线成一直线,阀门指示在全开(或全关)的位置,然后拧紧六角螺丝 4. 重复零点和量程调整步骤,直到阀门动作的全开和全关位置均满足要求	
6	恢复接线	恢复 FISHER 546 电/气转换器输入端的信号接线	仪用工具包	确认 FISHER 546 电/气转换器输入端的信号接线正确	
7	确认工作完成,清理工作现场	工完料净		模拟实施	

2.3 实施中需要特别注意的几个关键点

在进行 Masoneilan(4700 型)气动阀门定位器的现场检查和校验过程中,为保证工作顺利进行,必须注意如下的关键点:

1. 气路连接时,切勿在气路接头使用螺纹密封胶布(聚四氟乙烯生料带),密封剂也不能过多使用,否则将会导致气路或滑阀的阻塞。

2. 确认有足够的气源压力能使阀门进行工作,确认其压力在阀门铭牌允许的工作压力范围内。

3. 根据阀门定位器标定(校验)单确认阀门定位器的正/反作用方式,以及相对应的凸轮工作区域是否正确。

4. 确认在阀体上固定定位器的螺栓无松动。

5. 确认气动回路连接正确(供气、仪表信号和输出等),用检漏液检查仪表管线有无泄漏。

6. 确认定位器内部组件(膜片、反馈弹簧、凸轮等)无磨损或裂痕。

7. 确认定位器的反馈杆组件无磨损或裂痕,固定螺栓无松动,反馈臂紧贴阀体的反馈挡板。

第三章　故障检查和处理

3.1　常见故障现象和判断方法检查和处理

见表 3-1。

表 3-1　故障现象和判断方法检查和处理

序号	故障现象	故障原因分析	故障排除方法
1	阀门动作响应迟缓	1. 定位器气路不畅通 2. 气动滑阀卡涩	清洗定位器气路和气动滑阀
2	反复调节零点/量程螺母仍无法满足阀门行程要求	1. 反馈弹簧失效 2. 零点/量程螺母滑丝	更换反馈弹簧及其部件
3	阀门动作特性与实际要求的阀门特性不符	反馈凸轮未按实际阀门特性的要求,固定在正确的工作区域	重新按实际阀门特性的要求,将反馈凸轮固定在正确的工作区域

第四章　操作结束

4.1　工后会

工后会是对整个工作的过程的回顾以及必要的经验反馈，见表4-1。

表 4-1　工后总结记录表

<table>
<tr><td colspan="2">工作内容</td><td colspan="7"></td></tr>
<tr><td colspan="2">工单流水号</td><td>设备编码</td><td colspan="2"></td><td colspan="3">工作负责人</td><td></td></tr>
<tr><td colspan="2">计划完工时间</td><td colspan="2"></td><td colspan="4">实际完工时间</td><td></td></tr>
<tr><td>序号</td><td colspan="2">检查项目</td><td colspan="4">检查结果</td><td colspan="2">异常情况记录</td></tr>
<tr><td colspan="9">第 1 部分　工作回顾</td></tr>
<tr><td>1</td><td colspan="2">工作许可证已归还</td><td>是</td><td>□</td><td>否</td><td>□</td><td colspan="2"></td></tr>
<tr><td>2</td><td colspan="2">检修现场清理完成</td><td>是</td><td>□</td><td>否</td><td>□</td><td colspan="2"></td></tr>
<tr><td>3</td><td colspan="2">设备标牌清晰无损伤</td><td>是</td><td>□</td><td>否</td><td>□</td><td colspan="2"></td></tr>
<tr><td>4</td><td colspan="2">检修任务达到预期结果</td><td>是</td><td>□</td><td>否</td><td>□</td><td colspan="2"></td></tr>
<tr><td>5</td><td colspan="2">试验设备和工器具归还完成</td><td>是</td><td>□</td><td>否</td><td>□</td><td colspan="2"></td></tr>
<tr><td colspan="9">第 2 部分　经验反馈</td></tr>
<tr><td>6</td><td colspan="2">工期安排是否合理</td><td>是</td><td>□</td><td>否</td><td>□</td><td colspan="2"></td></tr>
<tr><td>7</td><td colspan="2">工作人员配置充足</td><td>是</td><td>□</td><td>否</td><td>□</td><td colspan="2"></td></tr>
<tr><td>8</td><td colspan="2">工作文件准备充分</td><td>是</td><td>□</td><td>否</td><td>□</td><td colspan="2"></td></tr>
<tr><td>9</td><td colspan="2">工作人员的检修技能满足要求</td><td>是</td><td>□</td><td>否</td><td>□</td><td colspan="2"></td></tr>
<tr><td>10</td><td colspan="2">规程、图纸是否有升版需求</td><td>是</td><td>□</td><td>否</td><td>□</td><td colspan="2"></td></tr>
<tr><td>11</td><td colspan="2">库存备件是否需要补充</td><td>是</td><td>□</td><td>否</td><td>□</td><td colspan="2"></td></tr>
<tr><td>12</td><td colspan="2">更换下来的旧部件是否需要利旧翻新维修</td><td>是</td><td>□</td><td>否</td><td>□</td><td colspan="2"></td></tr>
<tr><td>13</td><td colspan="2">检修过程中出现预期外的现象和报警</td><td>无</td><td>□</td><td>有</td><td>□</td><td colspan="2"></td></tr>
<tr><td>14</td><td colspan="2">提交缺陷单、QDR、状态报告等</td><td>无</td><td>□</td><td>有</td><td>□</td><td colspan="2"></td></tr>
<tr><td>15</td><td colspan="2">编写良好实践、经验反馈</td><td>无</td><td>□</td><td>有</td><td>□</td><td colspan="2"></td></tr>
<tr><td>16</td><td colspan="2">工作中需要协调、改进建议等</td><td>无</td><td>□</td><td>有</td><td>□</td><td colspan="2"></td></tr>
<tr><td>17</td><td colspan="8">其他事项：</td></tr>
<tr><td colspan="9">工作组成员及 QC 人员签名：</td></tr>
</table>

说明：

1. 工后总结由工作负责人组织并做好记录，原件放在文件包中。
2. 工后总结记录单中每一项都必须打“√”确认，不要遗漏。
3. 如有异常，请详细填写异常情况说明，以及后续处理方案。
4. 其他事项根据讨论情况记录，经讨论没有涉及请填写“无”。
5. 工后总结结束后，全体工作人员签字确认。

4.2 评判

学员对解体过程进行阐述,并说明其中的关键点以及注意事项。教员对学员的陈述简要记录,根据阐述评判学员的掌握情况。教员指出学员阐述过程中的错误以及需要注意的事项,并且依据评判表,对学员的学习情况作出整体评判。

第五章　经验反馈

5.1　63620—LCV3C1 阀门定位器损坏(OT101 CR—2004—0014)

在标定主给水阀 63620—LCV3C1 时要对定位器上的继动放大器进行清洗。关闭阀门仪用压空后,工作人员将继动放大器端盖拆下。这时由另一名工作人员将仪用压空阀打开,使得 80PSI 仪将空气进入阀门定位器,将悬在定位器底部的继动放大器冲到地上(离地面约 1.5 m),找到该放大器后,将其重新装到阀门定位器上。后发现定位器气压指示已不正确,将其拆下后发现该继动放大器上的一块塑料部件(1 cm 大小)已经断裂。

RCW 高位水箱自动补水阀因检修意外关闭,导致高位水箱水位低,备用补水阀(生活水)打开。

1. 2005 年 4 月 22 日,维修人员开始执行大修工作包:64190—PM—01(2—67134—LCV4202#1/LCV4202#2 常规检查和校验),在 WR 中的工作详细描述和安措要求中都已经写明阀门的检查需逐个进行。

2. 主控将已经 66110—PL14 上的手动开关 67134—HS4202 放到 LCV4202#2 侧,LCV4202#1 的电磁阀失电,阀门已被闭锁住,无法打开,工作负责人决定用一根气源管直接旁路掉电磁阀,这样将气路接好后,该工作组就拆掉了 LCV4202#1 阀门定位器上的"+"端子,接上自带的信号源和通信器,对阀门进行校验。

3. 运行和维修人员都不清楚的一个情况是:LCV4202#1/LCV4202#2 所接受的自动调节信号是同一路信号,由 66110—PL14 上的 2—67134—LC4202 发出一路 4～20 mA 信号从控制器的"+"端出来,先后经过 LCV4202#1 和#2 的定位器,最后回到控制器的"-"端,所以,当上电仪控断开 LCV4202#1 阀门定位器上的"+"端子时,实际上也就断开了整个调节回路,LCV4202#2 阀门定位器丧失了 4～20 mA 信号,阀门失效关闭。

4. RCW 高位水箱丧失自动补水后,水位开始下跌,到达低水位报警点后,低水位开关 LS4307#2 触发(575 mm,下降沿)断开,发出 CI-1058 报警,而高水位开关 LS4307#1(1 900 mm,上升沿)已先期复位闭合,或低水位开关常闭触点复位闭合,使生活水备用补水阀 2—67134—PV4201 电磁阀失电,阀门全开补水。

提醒:机组虽然进入大修状态,但是还有很多系统处于正常控制和运行模式,在检修中必须要充分确认系统逻辑和控制方式,在开工前务必确认安措的正确性和完成性,同时如果涉及安措变更必须要上报工作票签发人并通知工作包评估人。

第六章　习　题

6.1　填空题(每题4分)

1. 调节阀又称控制阀,它是过程控制系统中用动力操作去改变流体流量的装置。

2. 调节阀由执行机构和阀组成。

3. 以压缩空气为动力源的调节阀为气动调节阀;以电为动力源的调节阀则为电动调节阀。

4. 气动执行机构有:气动薄膜执行机构、气动活塞式执行机构、滚动膜片执行机构、侧装式气动执行机构等。

5. 阀门定位器按输入信号分为:气动阀门定位器和电/气阀门定位器。

6. 气动阀门定位器是依据力矩平衡原理动作的。

7. 气路连接时,切勿在气路接头使用螺纹密封胶布(聚四氟乙烯生料带)。

8. 在气路接头使用密封剂时,不能过多使用,否则将会导致气路或滑阀的阻塞。

6.2　简答题(每题4分)

1. 调节阀的组成及功能

调节阀由执行机构和阀组成。执行机构起推动作用,而阀起调节流量的作用。执行机构是将控制信号转换成相应的动作控制阀内截流体的位置。信号或驱动力可以为气动、电动、液动。阀与介质直接接触,在执行机构的推动下,改变阀芯与阀座之间的流通面积,从而达到调节流量的目的。

2. 阀门定位器的原理

阀门定位器是调节阀的主要附件,它将阀杆位移信号作为输入的反馈测量信号,以控制器输出信号作为设定信号,进行比较,当两者有偏差时,改变其到执行机构的输出信号,使执行机构动作,建立了阀杆位移信号与控制器输出信号的一一对应关系。因此,阀门定位器组成一阀杆位移为测量信号,以控制器输出为设定信号的反馈控制系统。阀门定位器按输入信号分为气动阀门定位器和电/气阀门定位器。

3. 阀门定位器具有哪些优点?

(1) 减小阀杆与填料之间的摩擦、滞后所带来的影响。

(2) 使信号的范围可调。

(3) 可以使信号的模式取反。

(4) 增加了执行器的响应速度。

(5) 可以改变阀门流通特性。

6.3 实操题(模板)

鉴定点:Masoneilan(4700 型)气动阀门定位器进行现场检查标定

试题 1:Masoneilan(4700 型)气动阀门定位器进行现场检查标定

1. 准备要求:

考场准备:

(1) 试题名称:Masoneilan(4700 型)气动阀门定位器进行现场检查标定

(2) 本题分值:20 分

(3) 考核时间:40 min

(4) 考核形式:实操

(5) 设备设施准备:

序号	名称	规格	单位	数量	备注
1	模拟体		台	1	教学用模拟体一台,无密封焊
2	工具、吊带等		套	1	解体用工具

考生准备:

(1) 试题名称:Masoneilan(4700 型)气动阀门定位器进行现场检查标定

(2) 本题分值:20 分

(3) 考核时间:40 min

(4) 考核形式:实操

(5) 工具及其他准备:无

2. 考核要求:

(1) 本题分值:20 分

(2) 考核时间:40 min

(3) 考核形式:实操

(4) 具体考核要求:根据解体阀体,熟悉其关键点,阀门解体需标记位置,解体过程大致步骤

(5) 否定项说明:无

3. 配分与评分标准:

序号	考核内容	考核要点	配分	评分标准	扣分	得分
1	检查确认标准仪器	根据标定单确认设备	3 分	1. 未模拟检查隔离状态扣 1 分 2. 未说明拆除仪控装置扣 2 分		
2	连接气动阀门定位器的校验回路	1. 检查标准仪器的有效期 2. 确认标准仪器的供电充足	4 分	1. 未微小开启阀门扣 2 分 2. 拆卸步骤错误扣 2 分		

续表

序号	考核内容	考核要点	配分	评分标准	扣分	得分
3	对 Masoneila n (4700型)气动阀门定位器进行现场检查	1. 确认 FISHER 546 电/气转换器已完成标定 2. 将标准电流信号发生器连接 FISHER 546 电/气转换器的信号输入端	4分	1. 未做标记扣2分 2. 发生碰撞扣2分		
4	对 Masoneil an (4700型)气动阀门定位器进行现场校验	1. 确认有足够的气源压力能使阀门进行工作 2. 确认定位器安装位置正确 3. 检查气动回路连接(供气、仪表信号和输出等) 4. 检查定位器内部组件 5. 检查定位器的反馈杆组件	4分	1. 未检查气动回路连接(供气、仪表信号和输出等)扣2分 2. 未检查定位器内部组件扣2分		
5	检查确认标准仪器	1. 根据阀门定位器标定(校验)单确认阀门定位器的正/反作用方式,以及相对应的凸轮工作区域是否正确 2. 调节阀门定位器零点 3. 调节阀门定位器满位 4. 调节阀门定位器全行程	5分	1. 未根据阀门定位器标定(校验)单确认阀门定位器的正/反作用方式,以及相对应的凸轮工作区域是否正确扣2分 2. 未调节阀门定位器零点扣1分 3. 未调节阀门定位器全行程扣2分		
6	恢复接线	恢复 FISHER 546 电/气转换器输入端的信号接线	5分	未恢复扣2分		
7	确认工作完成,清理工作现场	工完料净	5分	未恢复扣2分		

否定项:1. 起吊过程中,设备掉落

2. 没有作好防异物措施

评分人: 年 月 日 核分人: 年 月 日

第七部分　智能阀门定位器检查

第一章　操作准备

1.1　阀门定位器简介

DVC6000 系列数字式阀门控制器是可以通讯的、基于微处理器的电–气转换仪表。除了把电流信号转换成气动输出压力这一标准功能外，DVC6000 系列数字式阀门控制器使用 HART 通信协议可以很容易地访问对于过程操作至关重要的信息。在控制阀上或现场接线盒处通过 HART 通信器，或者在控制室里通过个人计算机或操作台，可以很容易的获取关于过程控制的重要部件—控制阀本身的信息。

使用 IBM 兼容 PC 与 AMS ValveLink 软件、AMS 设备管理软件或 275 型 HART 通信器，您可以对 DVC6000 系列数字式阀门控制器进行多种操作。您可以获得关于软件版本等级、信息串、位号、描述串以及日期等一般信息，也可以获得诊断信息以帮助您查找问题的原因，还可以设定输入和输出组态参数。DVC6000 系列数字式阀门控制器可以用 PC 或 275 型 HART 通信器来校验。利用 HART 通讯协议，来自现场的信息可以集成到控制系统里或以单回路为基础被接收。DVC6000 系列数字式阀门控制器是为直接取代安装在阀门上的标准的气动和电–气阀门定位器而设计的。

1.1.1　智能阀门定位器结构

智能阀门定位器主要由 I/P 转换器、印刷电路板(PWB)组件和气动放大器组成。智能阀门定位器有一个独立的模块基座，高度模块化的集成方便现场拆卸更换。密封的电子元器件可以有效地防止粉尘、潮气及水的侵入。其基本结构组成如图 1-1 所示。

1.1.2　智能阀门定位器工作原理

智能阀门定位器回路供电的仪表。输入信号经过一组双绞线接入端子盒后进到印刷电路板组件，在此完成数字化处理并转换为模拟 I/P 驱动信号。当输入信号增大时，I/P 驱动信号也随之增大，I/P 转换器的输出气压被送到气动放大器，将该气压信号放大送至 A、B 两路气压输出，随着 4～20 mA DC 信号的增加(减少)输出 A 口的气压会相应增加(减少)，输出 B 口的气压会相应减少(增加)。因此输出 A、B 口常用于双作用执行机构和单作用执行机构的正反作用。与印刷电路板组件连接的行程传感器通过反馈机构检测阀的行程位置并与输入比较，达到调整输出 A、B 口气压使定位器准确定位的目的。智能定位器的原理图如图 1-2 所示。

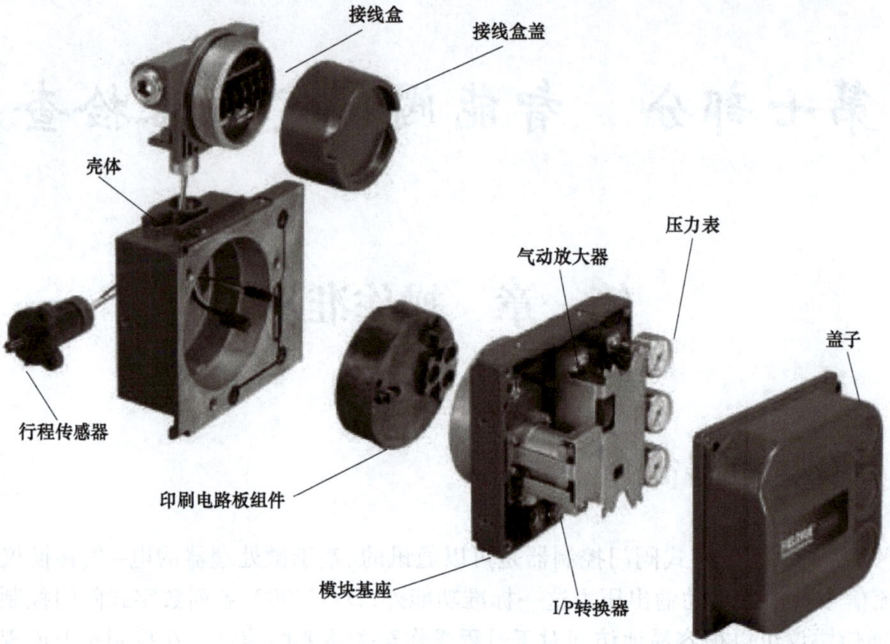

图 1-1 智能阀门定位器结构图

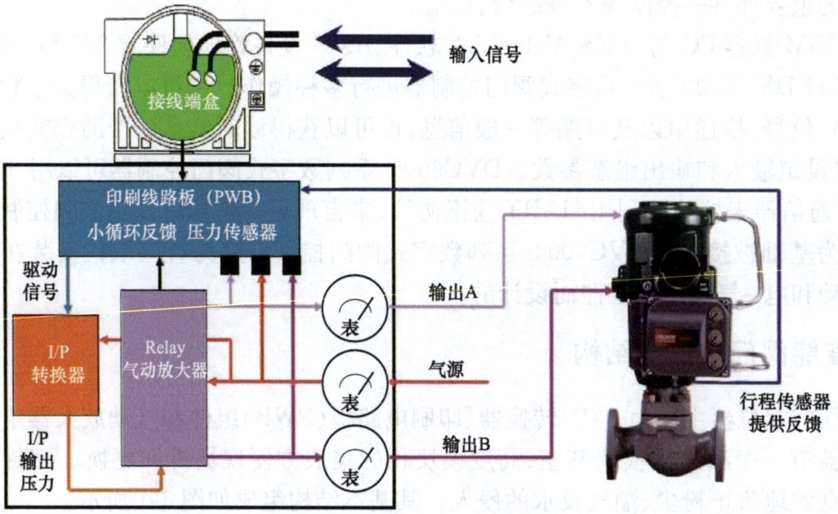

图 1-2 智能阀门定位器原理图

1.1.3 DVC6000 系列阀门定位器分类

DVC6010 型：用于直行程控制阀；

DVC6020 型：用于旋转式及长行程直行程控制阀；

DVC6030 型：用于纵向旋转式控制阀。

1.1.4　DVC6000 系列阀门定位器部分性能参数

1. 输入信号:模拟输入信号 4～20 mA 标准直流,最小控制电流 4 mA,不致引起微处理器重新启动的最小电流 3.5 mA,最大电压 30 VDC,具有过载电流保护和反极性保护功能。

2. 输出信号:为执行机构要求的气动信号,最大可达到气源压力的 95%。最小范围 6 psi,最大范围 140 psi。

3. 气源压力:一般推荐比执行机构要求的最大值高 5 psi,最大不超过 150 psi 或执行机构最大压力额定值,取两者中较低者。

4. 独立线性度:输出范围的±0.75%,长行程应用的 DVC6020 型可达到±0.5%。

气源压力、输出压力及排气口都为 1/4 in(英寸)NPT 阴螺纹。气源管推荐 3/8 in(英寸)金属管。电气连接为 1/2 in(英寸)NPT 穿线导管阴螺纹。

5. 阀杆行程:DVC6010 型最大 0～102 mm(4 in,最小 0～9.5 mm(3/8 in),DVC6020 型最大 0～606 mm,转动角度(DVC6020 型和 DVC6030 型)最大 0～90°,最小 0～50°。

1.1.5　DVC6000 系列阀门定位器的现场安装

为避免由于过程压力的突然释放或零部件的爆裂引起的人身伤害或财产损失,在安装 DVC6000 系列阀门定位器前应该:断开向仪表提供气源压力、电源或控制信号的一切操作线路。确保执行机构不会突然打开或关闭阀门。使用旁路阀或完全关闭工艺过程把阀门与过程压力隔离开来。释放阀门两侧的过程压力。排放阀门两侧的过程介质。排空气动执行机构的加载压力并完全释放执行机构弹簧的预紧力。采用锁定步骤,确保在设备上操作时以上措施继续有效。

根据目前三厂现场实际情况,主要简单介绍以下几种安装方式(见图 1-3 至图 1-6)。

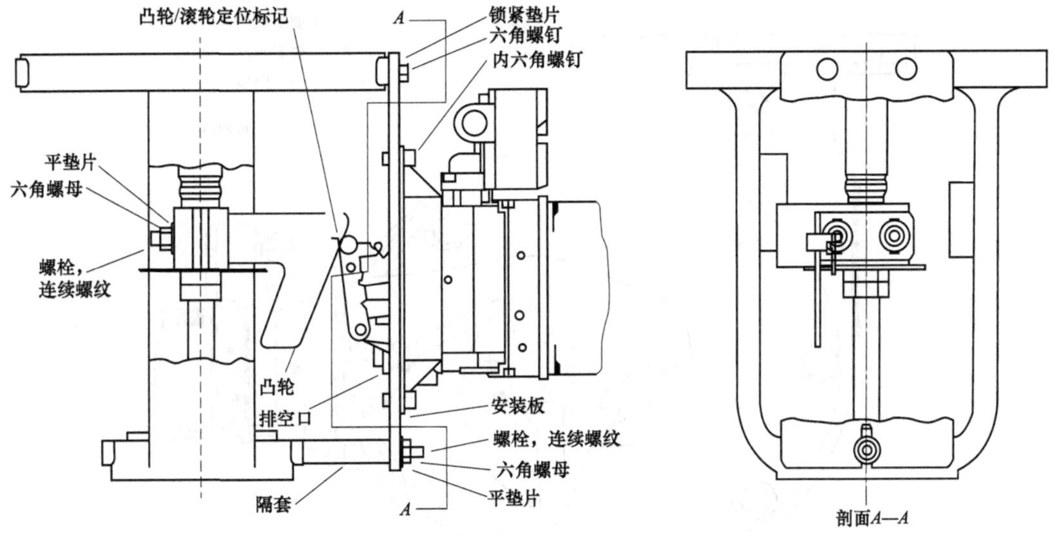

图 1-3　DVC6020 型阀门定位器安装在长行程直行程执行机构

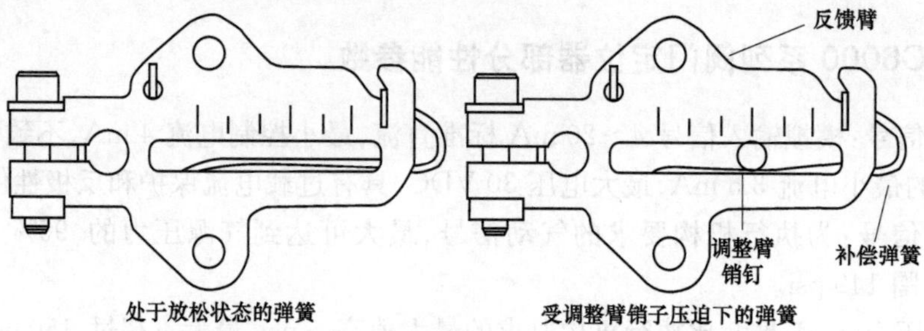

图 1-4　调整臂在反馈臂上的定位(结合定位销)

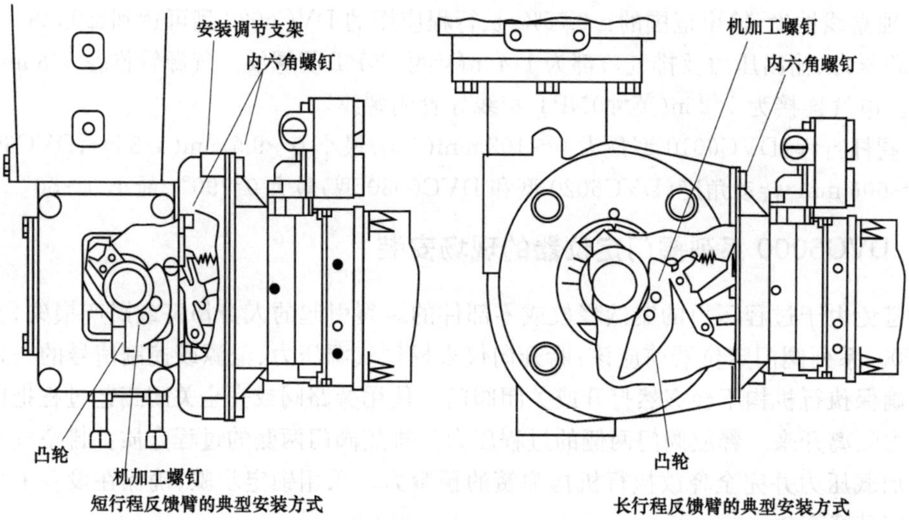

图 1-5　DVC6020 型阀门定位器安装在旋转式执行机构上

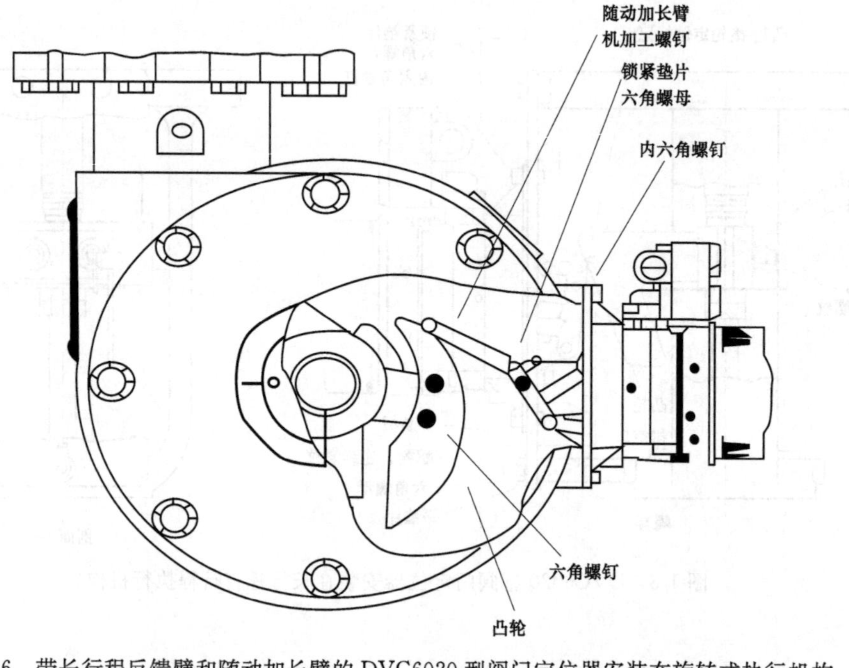

图 1-6　带长行程反馈臂和随动加长臂的 DVC6020 型阀门定位器安装在旋转式执行机构

以把DVC6020型阀门定位器安装在4～24英寸行程的直行程执行机构或旋转式执行机构上为例:DVC6020 型阀门定位器使用一个凸轮和滚轮作为反馈机构。图 1-3 所示为DVC6020型阀门定位器安装在行程4～24英寸执行机构上的一个例子。一些长行程应用场合需要在执行机构支架的下部钻有螺孔。图1-5和图1-6所示为DVC6020型阀门定位器安装在旋转式执行机构上。在安装过程中请参考以下指导原则。

将控制阀与管线压力隔离开来,释放阀体两侧的压力,并释放阀门两侧的过程介质。关闭至执行机构的所有压力管线,释放所有执行机构压力,采用锁定步骤,确保在设备上操作时以上措施继续有效。

如果凸轮还没有安装在执行机构上,先按照随安装组件一起提供的安装指南所述安装凸轮。对于长行程执行机构,该凸轮应安装在执行机构推杆的连接件上。

如果需要一个安装板,就将其固定在执行机构上。

对于需要远程排空的应用场合,可以提供一个接管排空支架。参考与该支架一起提供的安装指南,用这个接管排空支架替换数字式阀门控制器上的现有安装支架,并把现有的安装支架的反馈零件替换成接管排空支架的反馈零件。

较大尺寸的执行机构可能需要一个随动加长臂,如图 1-6 所示。如果需要,随动加长臂可以包括在安装组件里。按照与安装组件一起提供的安装指南安装这个随动加长臂。

按如下所述把 DVC6020 型安装在执行机构上。

如果需要,可以把安装调整支架包括在安装组件里。如图 1-3 所示,把这个调整支架连接到执行机构上,然后把阀门定位器固定在调整支架上。阀门定位器的反馈臂上的滚轮应接触执行机构上的凸轮。

如果不需要安装调整支架,就把阀门定位器直接固定在执行机构上或安装板上。阀门定位器的反馈臂上的滚轮应接触执行机构上的凸轮。

对于长行程直行程执行机构,在安装完成后,应该检查并确保滚轮正好位于凸轮上的定位标记处(见图 1-3)。如果必要,可以调整凸轮以保证定位准确。

(1) 输出连接

工厂安装的阀门定位制器已经将其输出口连接到执行机构的进气口。如在现场安装阀门定位器,只需用管子把阀门定位器的 1/4 英寸输出口连接到气动执行机构的输入口。

(2) 单作用执行机构

将单作用正作用式阀门定位器(A 型气动放大器)连接到单作用执行机构上时,必须把输出口 B 堵死,把输出口 A 连接到执行机构膜盖上。在输出口 B 处不需要压力表,在其相应位置上改装一个带过滤网的排空管塞。将单作用反作用式阀门定位器(B 型气动放大器)连接到单作用执行机构上时,必须把输出口 A 堵死,把输出口 B 连接到执行机构膜盖上。在输出口 A 处不需要压力表,应改装一个堵头。

(3) 双作用执行机构

当用在双作用执行机构上时,DVC6000 系列阀门定位器通常采用 A 型气动放大器。当无输入信号时,如果气动放大器已调整好,则输出口 A 的压力应为 0,而输出口 B 的压力等于输入气源的压力。随着输入信号的增加,如需要执行机构推杆从气缸中伸出,则要把输出口 A 连接到气缸的上端,把输出口 B 连接到气缸的下端。随着输入信号的增加,如需要执行机构推杆缩回到气缸中,则要把输出口 B 连接到气缸的上端,把输出口 A 连接到气缸的下端。

(4) 电气连接

参考图 1-7，把控制回路正极导线“电流输出”端连接到接线盒内的 LOOP“+”接线端子上，把控制回路负极导线连接到接线盒内的 LOOP“–”接线端子上。

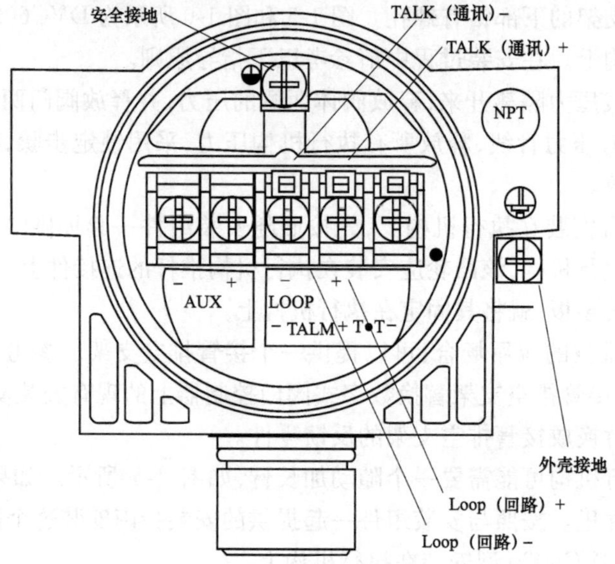

图 1-7 DVC6020 阀门定位器的接线盒

1.1.6 HART 275 通信器与阀门定位器的应用

HART 275 通信器(见图 1-8)是目前三期现场用于检查标定 DVC6000 系列阀门定位器的最常用仪表，和 HART 375 和 AMS Valvelink 软件基本差不多。以下重点介绍一下 HART 275 的部分功能(开关键、方向键功能略)。

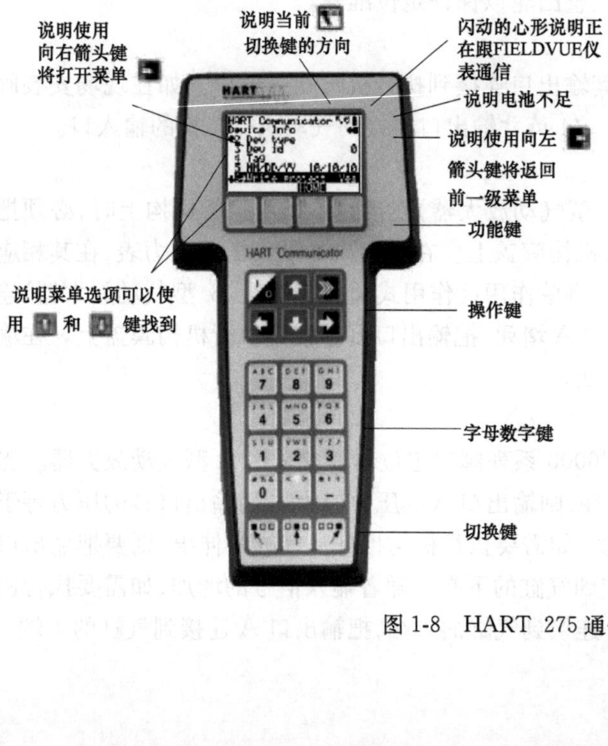

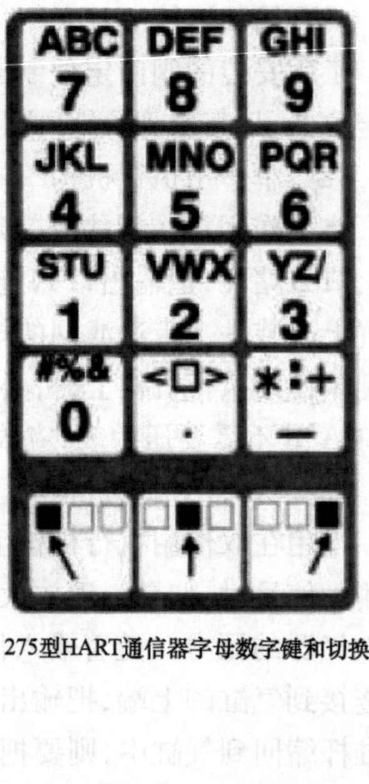

275型HART通信器字母数字键和切换键

图 1-8 HART 275 通信器

1. 热键 

按此键也可打开 HART 通信器。如果 HART 通信器已经智能仪表连接，则显示热键菜单。这个菜单允许用户快速地改变仪表模式、改变控制模式、改变仪表保护、改变整定参数以改善阀门的响应。

2. 软件定义的功能键

使用位于 LCD 下的标有 F1 至 F4 的四个功能键，可选择由动态字符说明的软件功能。在任意给定的菜单里，出现在功能键上的字符说明该键在当前菜单里的功能。当用户在菜单间移动时，不同的动态字符出现在这四个功能键的上方。可选功能包括：

HELP(帮助)——提供给您关于显示选项的信息。

SEND(发送)——把您已经输入的信息发送给仪表。

BACK(返回)——返回上次显示的菜单。

HOME(主菜单)——返回 Online(在线)菜单。

EXIT(退出)——返回已经请求过一个只读参数值的菜单。

ABORT(放弃)——取消输入并返回到您已经选择的当前变量或例行程序的菜单。变量值不会改变。

OK(完成)——去下一个菜单或指令屏幕。

ENTER(进入)——发送已经选择的信息给仪表或给将要发送的数字加上标记。如果数值已加上标记将被发送，SEND(发送)动态字符会作为一个功能键选项而出现。

DEL(删除)——当输入一个变量时，删除当前光标位置处的字母。

ESC(撤消)——取消输入并返回您已经选择了当前变量的菜单。变量数值不会改变。

SAVE(保存)——把信息存入记忆模块或数据堆栈。

3. 字母数字键和切换键

图 1-8 所示为字母数字键和切换键。字母数字键有两个功能：快速选择菜单选项和输入数据。在任何菜单里，有两种方法选择菜单选项。可以使用向上和向下箭头键以及选择键去访问菜单选项，或者按键盘上的相应数字去选择需要的选项。有些菜单需要输入数据。当在编辑菜单里只按字母数字键时，键中央的加粗的字符就会出现。这些加粗的字符包括数字 0～9、小数点(.)、和短划线(—)。需要从键盘上输入其他字符，可先按下然后放开相应的切换键。不要同时按几个键。

4. 菜单结构

HART 通信器通常在两种环境里使用：离线(不跟仪表连接时)和在线(跟仪表连接时)。不跟仪表连接时，按开关键会使通信器进行自检，并告诉用户固件和模块的版本号。在显示“NO DEVICE FOUND”(没有找到设备)信息后，通信器会显示主菜单。屏幕上有四个选项 offline(离线)，online(在线)，Frequency Device(频率设备)和 Utility(属性)。offline(离线)菜单允许编辑或下载保存的数据到 HART 兼容的设备里。Utility(属性)菜单允许设置 HART 通信器，查看 HART 通信器的系统信息，以及模拟在线连接。

5. 显示 HART 通信器设备描述(DD)版本

设备描述(DD)版本定义了 HART 通信器如何与用户和仪表进行通信。设备描述版本 1 的 HART 通信器可与固件版本 2 的 DVC6000 阀门定位器一起工作。用户可以在 HART

通信器处于 Offline(离线)或 Online(在线)状态时显示设备描述版本。

1.1.7 DVC6000 系列阀门定位器的基本设置和校验

1. 组态保护

为了设置和校验仪表,必须通过 HART 通信器把保护设定为 None(无)。如果保护不在 None(无)状态,要改变保护,需要跳线跨接接线盒的辅助端子。要取消保护:

把 4～20 mA 信号源连接到仪表上。

把 HART 通信器连接到仪表上并将它开启。

按 HART 通信器上的热键,并选择 Protection(保护)。

从 Protection(保护)菜单里选择 None(无)。当 HART 通信器有提示时,临时把跳线跨接到仪表接线盒内的辅助端子 AUX"+"和 AUX"-"上。

2. 仪表模式

为了设定和校验仪表,Instrument Mode(仪表模式)必须处于 Out of Service(非投用状态)。为了查看仪表模式,可按热键,然后选择 Instrument Mode(仪表模式)。如果 Instrument Mode(仪表模式)不是 Out of Service(非投用状态),则从 Instrument Mode(仪表模式)菜单里选择 Out of Service(非投用状态),并按 ENTER(输入键)(F4)。

3. 基本设置

有两种基本的设置方法:

Auto Setup(自动设置)——(推荐方法)此过程根据指定的执行机构类型和尺寸自动地选择适当的组态参数。

Manual Setup(手动设置)——此过程允许用户对下列组态参数输入数值:

Instrument Mode(仪表模式)

Control Mode(控制模式)

Pressure & Autuator(压力与执行机构)

Tuning & Calib(整定与校验)

要输入压力和执行机构参数,可选择 Pressure & Actuator(压力与执行机构),然后给下面的参数输入数值:

Pressure Units(压力单位)

Max Supply Pressure(最大气源压力)

Actuator Type(执行机构类型)

Feedback Connection(反馈连接)

Tvl Sensor Motion(行程传感器旋转方向)

Valve style(阀门类型)

Zero Control Signal(零控制信号)

为了调整整定、行程切割低点和放大器或自动校验行程,可选择 Tuning & Calib(整定和校验),然后选择需要进行的步骤:

Tuning Set(整定参数)

Tvl Cutoff Low(行程切割低点)

Relay Adjust(放大器调整)

Auto Calib Travel(自动校验行程)

4. 基本校验

按照图 1-7,打开 DVC6020 型阀门定位器的接线盒,用十字螺丝刀小心地拆开 LOOP "+"接线端子。

将电流源(4～20 mA)串接入 LOOP"+""-"端子,注意正负串联。

将 HART 275 通信器的挂针挂到接线盒内的 TALK"+""-"端子,可以不考虑正负。

打开电流源,再打开 HART 通信器。

通信器液晶面板右上角会有心形光标闪烁,表示正在与定位器通信,约 20 s 后,自动进入"Online"主菜单,如图 1-9 所示。

用电流源向阀门定位器发送信号,按 5 点行程依次输入 4 mA、8 mA、12 mA、16 mA、20 mA,观察阀门上的位置指示是否移到相对应的 0%、25%、50%、75%、100%。

在同一时刻,观察"Online"菜单上的第 3 项:Travel 数值的变化。

用电流源向阀门定位器发送信号,按 5 点行程依次输入 20 mA、16 mA、12 mA、8 mA、4 mA,观察阀门上的位置指示是否移到相对应的 100%、75%、50%、25%、0%。

在同一时刻,观察"Online"菜单上的第 3 项:Travel 数值的变化。

若阀门行程数据验收要求,则可以结束校验;若不满足,则进行自动校验。

5. 自动校验

将电流源保持在 4～20 mA 中的任何一点。

从"Online"菜单开始,依次进入:Setup & Diag→2 Detailed Setup→Mode→Instrument Mode(1-2-1-1),将模式修改为 Out Of Service。

返回:Detailed Setup,再进入:Protection(2-2),选为 None。

返回:Setup & Diag,再进入:Calibrate→Auto Calib Travel(1-4-2),等待相关信息,完成自动标定,自动标定时间大约会持续 3 min。

返回:Setup & Diag,再进入:Detailed Setup→ Mode→Instrument Mode(1-2-1-1),将模式修改为 In Service。

重复基本校验步骤,观察阀门响应,如果阀门行程误差仍不满足验收要求,则继续执行详细设置后,再重新进行自动校验。

详细设置(以蒸汽发生器液位控制阀为例):

将电流源保持在 4～20 mA 中的任何一点。

从 Online 菜单开始,依次进入:Setup & Diag→2 Detailed Setup→Mode→Instrument Mode(1-2-1-1),将模式修改为 Out Of Service。

返回:Detailed Setup,再进入:Protection(2-2),选为 None。

在 Online 菜单中选择:Setup & Diag→Detailed Setup→ Actuator & Valve(1-2-5)。

选择:Relay Type(放大器类型),确认为 A 型(双作用)。

返回:Actuator & Valve,选择:Actuator Style,选 Piston double-acting without spring(活塞双作用无弹簧)。

返回:Actuator & Valve,选择:Feed Connection,SStem—Roller(直通式—滚轮型)。如

图 1-9 所示。

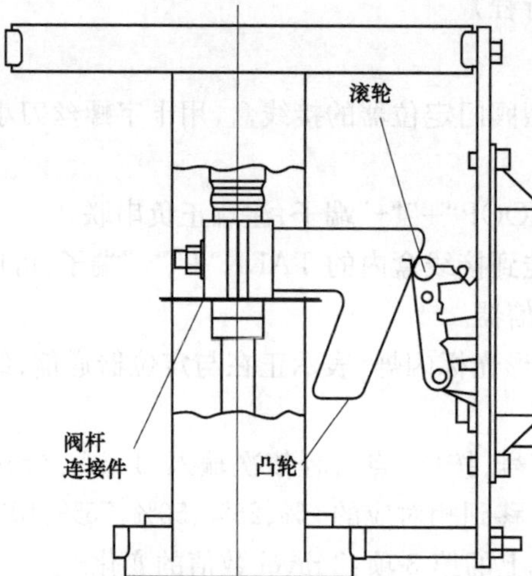

图 1-9 长行程滑杆式执行机构的反馈连接

返回:Actuator & Valve,选择:Valve Style(阀门类型),选 Sliding Stem(直行程)。以上项目确认完毕后,返回:Setup & Diag→Basic Setup→ Auto Setup →Relay Adjust。通信器提示将阀门放到行程中点位置,根据提示将电流源放到 12 mA。

返回 Online 菜单,再进入 6 Pressures,读各分项压力,数值应该位于 60%~80%的气源压力处。如果不是,则进行放大器调整。

从 Online 菜单,进入:Setup & Diag→Detailed Setup→Mode→ Control Mode (1-1-1-2),选择“Analog”。

注意:上一步骤主要用于当定位器返回 In Service 状态后,未能跟踪控制信号时,可以对该项目进行检查。

6. 放大器调整

为了检查气动放大器的调整,可选择 Relay Adustment(气动放大器调整),然后按照 HART 通信器显示的提示去做。完成后需盖上阀门定位器的外壳。

7. 单作用执行机构

对于单作用正作用式阀门定位器,须确保调整圆盘紧靠在梁上,如图 1-10 所示。对于单作用反作用式阀门定位器,气动放大器已在工厂调整好,无须重调。

8. 双作用执行机构

对于双作用执行机构,阀门必须靠近行程中点位置,才能正确地调整放大器。选定 Relay Adustment(放大器调整)时,HART 通信器会自动地将阀门定位。旋转如图 1-10 所示的调整盘,直到 HART 通信器上显示的输出压力位于 60%和 80%的气源压力处。顺时针增大输出压力。放大器的调整非常敏感。进行另一次调整前应该让压力读数稳定下来(稳定过程需要多至 30 秒钟,较大的执行机构需要更多的时间)。

注意:把 A 型放大器从单作用转换成双作用需要把调整盘向“+”方向(增加输出压力)旋转好几圈。最初的几圈不会产生任何输出压力的变化,然而当接近正确位置时,只需要一点点的旋转，输出 A 和 B 的压力就会开始快速地改变。观察输出压力表以确定正在接近正确的位置，避免过分旋转调整盘。如果使用HART通信器且没有压力表，可以聆听放大器排气声音的改变，以感觉正在接近正确的位置。

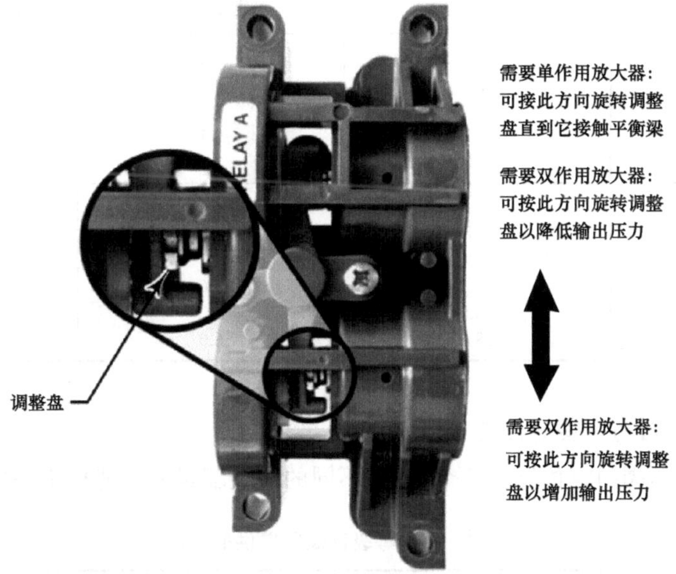

图 1-10 气动放大器调整盘的位置

9. 阀门响应控制参数设置

在“Online”菜单中选择：Setup & Diag→Detailed Setup→ResponseControl，以下是分项子菜单说明：

(1) Tuning set(内部参数整定)

如果在校验阀门过程中，出现了不稳定的现象，可以尝试用该项目对定位器内部参数进行调整。如表 1-1 所示，总共有 11 组预置参数可供选择，参数代码从 C 到 M，其中，C 响应最慢，而 M 响应最快，一般来讲，可以从初始设置慢慢地往上或下调整一个数量级后，观察阀门的响应。如果使用以上预置参数后还未达到理想效果，还可以选择 User Adjusted(用户调整)或 Expert(专家级)，进行预置范围外的手动修改。该方式一般不提倡。

(2) Input Char(输入特性设定)

该项目主要是确定阀门行程与输入信号之间的关系，主要取决于阀体特性，三期现场使用该定位器的阀门基本上都是线性。

(3) SetPoint Filter Time(设定点滤波时间)

对输入定位器的控制信号滤波，以改善过程控制特性，可以使阀门动作变平缓，在有噪声和快速运动场合比较适用。如果设置为 0，则关闭滤波器。

(4) Min Opening Time(最小开阀时间)

如果在过程工艺上对阀门行程时间有要求，可以使用该设置，设置时间以秒为单位，数值大小与阀门从开始开到全开时间成正比；如果设置为 0，则该功能无效，允许阀门尽可能快地打开。

(5) Min Closing Time(最小关阀时间)

与 Min Opening Time(最小开阀时间)功能相反，数值大小与阀门从开始关到全关时间成正比。如果设置为 0,则该功能无效,允许阀门尽可能快地关闭。

表 1-1 预选整定参数的增益值

整定参数	比例增益	速度增益	最小回路反馈增益
C	4.4	3.0	35
D	4.8	3.0	35
E	5.5	3.0	35
F	6.2	3.1	35
G	7.2	3.6	34
H	8.4	4.2	31
I	9.7	4.8	27
J	11.3	5.6	23
K	13.1	6.0	18
L	15.5	6.0	12
M	18.0	6.0	12

10. 阀门定位器的一些其他设置功能

DVC6000 系列阀门定位器分 5 个等级,不同的等级配置的功能也不一样,参考表 1-2。

表 1-2 不同等级仪表所提供的功能

仪表等级	提供的功能
AC	可与 HART 275 通讯器进行通讯,提供基本设置和校验功能
HC	可与 HART 275 通讯器及 AMS Valvelink 软件通讯。另外还提供以下功能:行程切割及限位、最小开阀和关阀时间、输入特性(线性、等百分比、快开和自定义)和以下报警功能;行程偏差报警;行程高、低、高高和低低报警;驱动信号报警;辅助端子报警;动作次数报警和行程累计报警
AD	除具有以上所有功能外,(利用 AMS Valvelink 软件)再增加所有离线诊断测试(动态误差带测试、驱动信号测试、阶跃响应测试和阀门特性曲线测试)及在线趋势记录
ESD	除具有以上所有功能外,再增加部分行程动作测试
PD	除包括 AD 的所有功能外,再增加在线阀门特性曲线测试(摩擦力分析)

DVC6000 系列阀门定位器的模拟量输入校验、压力传感器校验、行程传感器校验等功能通常在制造厂都已经校正过,不需要另外的校验,在此教材中就不详细介绍。在现场如果需要,可参考 DVC6000 系列阀门定位器厂家指导手册。

1.2 文件准备

维修规程:

98-60463-MP-1149 A 带 DVC6020 型阀门定位器的阀门校验和检查;

98-60463-MP-1149 C FISHER DVC6010 型阀门定位器的检查和校验。

异物排除方案:无。

1.3 工器具准备

常用工器具:信号发生器、万用表、扳手、螺丝刀、鳄鱼夹。

专用工器具:HART 通信器。

第二章　操作实施

2.1　操作实施 1——阀门校验前检查

见表 2-1。

表 2-1　阀门校验前检查

序号	操作步骤	操作要求	工器具	测评标准	备注
1	安装定位器定位销	对于新安装的定位器，将定位器上带的销钉放入对应的孔(667 执行机构时，销钉放入 A 孔；657 执行机构时，销钉放入 B 孔)，确认调整臂销钉位置对应阀门行程，调整臂销钉置于补充弹簧之上	无	按操作要求完成	
2	确认反馈臂在调整臂销钉的中间位置	确认反馈臂在调整臂销钉的中间位置	无	安装正确牢固可靠	
	确认调整臂销钉固定螺钉(key109)安装牢固	安装牢固	无	安装正确牢固可靠	
	确认阀门运行过程中，反馈臂连接件没有异常摩擦或触碰到定位器本体	确认连接牢固无摩擦或触碰	扳手	按操作要求完成	
	每一台定位器均需按照要求调整 RELAY	RELAY 调整正确	螺丝刀	按操作要求完成	
	确认已根据阀门标定单设置了减压阀的设定值	减压阀的设定值正确	扳手、螺丝刀、DPI605	按操作要求完成	

2.2　操作实施 2——阀门动作情况检查

见表 2-2。

表 2-2　阀门动作情况检查

序号	操作步骤	操作要求	工器具	测评标准	备注
1	打开 DVC6010 型阀门定位器的接线盒，用十字螺丝刀小心的拆开 LOOP“+”接线端子，并用绝缘胶布包扎	接线牢固、无接地	螺丝刀	按操作要求完成	
2	将电流源(4～20 mA)正负端分别接入 LOOP“+”和 LOOP“-”端子	电流源与阀门定位器的正负端需确保连接正确，否则阀门将无法动作	信号源	按操作要求完成	

续表

序号	操作步骤	操作要求	工器具	测评标准	备注
3	将电流源从 4 mA-12 mA-20 mA-12 mA 来回阶跃调整	1. 检查阀门动作是否平滑，有无机械摩擦或卡涩现象 2. 阀门行程长度是否正确 3. 流量放大器是否有无喘音	信号源	按操作要求完成	
4	将电流源输出保持在 12 mA，检查阀门压控回路的密封性	确认回路无泄漏，阀门附件无异常排气	信号源、检漏液	按操作要求完成	

2.3 操作实施 3——阀门定位器主要设置的检查

见表2-3。

表 2-3 阀门定位器主要设置的检查

序号	操作步骤	操作要求	工器具	测评标准	备注
1	将 HART 通信器并联连接到阀门定位器 LOOP“+”和 LOOP“-”端子上	测量弹簧压缩前的原始长度并记录	信号源、HART 通信器	连接正确	
2	打开通信器电源，通信器液晶面板右上角会有心形光标闪烁，表示正在与定位器通讯，约 20 s 后，自动进入“Online”主菜单	连接正确，HART 通信器显示正常	信号源、HART 通讯器	按操作要求完成	
3	确认定位器参数设置正确	参数的修改必须在 Out Of Service 模式，定位器投运前必须将模式改为 In Service	信号源、HART 通信器	测量正确	
4	阀门行程误差检查	按照标定单的要求，给阀门定位器加 0%、25%、50%、75%、100%、75%、50%、25%、0%的信号并将对应的阀门行程填入标定单	信号源、HART 通信器	按操作要求完成、记录正确	

2.4 操作实施 4——阀门定位器的标定

见表 2-4。

表 2-4 阀门定位器的标定

序号	操作步骤	操作要求	工器具	测评标准	备注
1	将电流源保持在 4～20 mA 中的任何一点	执行过程注意不要掉电、电流必须保持在 4 mA 以上	信号源、HART 通信器	按操作要求完成	

续表

序号	操作步骤	操作要求	工器具	测评标准	备注
2	从 Online 菜单开始,依次进入:1 Set up &Diag, 2 Detailed Set up, 1 Mode, 1 Instrument Mode,将模式修改为 Out Of Service	将模式修改为 Out Of Service 需要确认“send”	信号源、HART 通信器	按操作要求完成	
3	返回:2 Detailed Set up,再进入:2 Protection,选为 None	如果保护不在 None,需要在 Protection 菜单里选择 None,这时通信器会有提示,需要临时短接接线盒内的辅助端子 AUX+和 AUX-	信号源、HART 通信器	按操作要求完成	
4	密封外筒体检查返回:1 Set up &Diag,再进入 4 Calibrate, 2 Auto Calib Travel,等待相关信息,完成自动标定,自动标定时间大约会持续 3 min	标定时间比较长,注意信号源不能掉电	信号源、HART 通信器	按操作要求完成	
5	返回:1 Set up &Diag,再进入:2 Detailed Set up, 1 Mode, 1 Instrument Mode,将模式修改为“In Service”		信号源、HART 通信器	按操作要求完成	
6	给阀门定位器加阶跃信号,观察阀门响应。如阀门工作不稳定,可以减小 Tuning Set 值,如果阀门动作缓慢,可以增加 Tuning Set 值(C 响应最慢,M 响应最快)	标定时间比较长,注意信号源不能掉电	信号源、HART 通信器	按操作要求完成	
7	重复步骤确认阀门行程误差符合要求,并将标定后数据填入标定单	标定时间比较长,注意信号源不能掉电	信号源、HART 通信器	按操作要求完成	

2.5 操作实施 5——阀门响应控制参数设置

见表 2-5。

表 2-5 阀门响应控制参数设置

序号	操作步骤	操作要求	工器具	测评标准	备注
1	Tuning set(内部参数整定)	需要确认“send”	无	按操作要求完成	
2	Input Char(输入特性设定)	需要确认“send”	无	按操作要求完成	

续表

序号	操作步骤	操作要求	工器具	测评标准	备注
3	Set Point Filter Time(设定点滤波时间)	如果在校验阀门过程中,出现了不稳定的现象,可以尝试用该项目对定位器内部参数进行调整。总共有11组预置参数可供选择,参数代码从C到M,其中,C响应最慢,而M响应最快,一般来讲,可以从初始设置慢慢地往上或下调整一个数量级后,观察阀门的响应。说明:如果使用以上预置参数后还未达到理想效果,还可以选择UserAdjusted(用户调整)或Expert(专家级),进行预置范围外的手动修改。该方式一般不提倡	信号源、HART通信器	按操作要求完成	
4	Min Opening Time(最小开阀时间)	需要确认"send"	信号源、HART通信器	按操作要求完成	
5	Min Closing Time(最小关阀时间)	需要确认"send"	信号源、HART通信器	按操作要求完成	

2.6 实施中需要特别注意的几个关键点

1. 自动校验

自动校验检查是智能阀门定位器工作的关键点之一,自动校验关键点不重视会导致阀门校验失效。

该操作首先要从 Online 菜单开始,依次进入:Setup & Diag→2 Detailed Setup →Mode→Instrument Mode(1-2-1-1),重点需要将将模式修改为 Out Of Service。

第二,需要返回:Detailed Setup,再进入:Protection(2-2),选为 None。如果没有解保护,无法进行下面的调整工作。

第三,需要返回:Setup & Diag,再进入:Calibrate→Auto Calib Travel(1-4-2),等待相关信息,完成自动标定,自动标定时间大约会持续 3 分钟。这个时间只是一个大概值,具体时间的大小请依据手操器的提示为准。

第四,需要返回:Setup & Diag,再进入:Detailed Setup→ Mode→Instrument Mode(1-2-1-1),将模式修改为 In Service。如果模式不对,将会导致阀门无法动作。

最后,需要重复基本校验步骤,观察阀门响应,如果阀门行程误差仍不满足验收要求,则继续执行详细设置后,再重新进行自动校验。

2. 阀门机械连接

需要注意的是任何调整都是建立在阀门部件连接正确、部件之间牢固靠、无摩擦的基础上的,如果阀门机械连接出现问题,轻者会造成阀门响应跟不上,重者可能会导致阀门损坏以及人员人身伤害。

3. 放大器的调整

为了检查气动放大器的调整，可选择 Relay Adustment(气动放大器调整)，然后按照HART 通信器显示的提示去做。由于 HART 手操器运算响应比较慢，需要耐心等待，确认显示没有变换才可进行后面的操作。另外为了保证气动放大器调整的正确性，需要多次确认(至少 5 次)。

第三章　故障检查和处理

3.1　常见故障现象和判断方法检查和处理

见表 3-1。

表 3-1　常见故障现象和判断方法检查和处理

序号	故障现象	判断方法
1	阀门动作不合格	用 5 点法对阀门进行检查，确认结果在误差范围内
2	阀门无法自动标定	HART 手操器连接标定出错

3.2　常见故障原因分析和故障排除方法

见表 3-2。

表 3-2　常见故障原因分析和故障排除方法

序号	故障原因分析	故障排除方法
1	阀门不动作	检查气源是否合适
2	阀门不动作	检查电信号是否正确
3	阀门不动作	检查机械连接是否牢固、有无摩擦

3.3　特殊故障现象和判断方法

见表 3-3。

表 3-3　特殊故障现象和判断方法

序号	故障现象	判断方法
1	HART 通信故障	检查电信号是否正确（包括极性、电源大小等）
2	参数修改不成功	使用 HART 修改参数后为将信息传送至定位器
3	阀门动作不平稳（喘气现象）	检查气源是否满足要求

第四章　操作结束

4.1　总结回顾培训过程以及关键点

4.2　针对学员技能培训进行点评

4.3　召开技能培训操作工后会

4.4　征求学员对技能培训及教材的信息反馈

第五章　经验反馈

5.1　智能定位器使用中出现的振荡问题

2008 年 12 月，3 号主给水泵再循环流量控制阀出现故障报警。FISHER 10×6 EWT 配套执行机构为 657-70，阀门为气开型阀门，气路中配置有流量放大器来保持执行机构动作的稳定性，原有的定位器由于升级替代由原有的 DVC5000 型更换为 DVC6000 系列智能定位器后，阀门下关在开度 50%～80%时存在明显振荡，阀门动作阶跃曲线及气源压力变化曲线如图 5-1 所示。

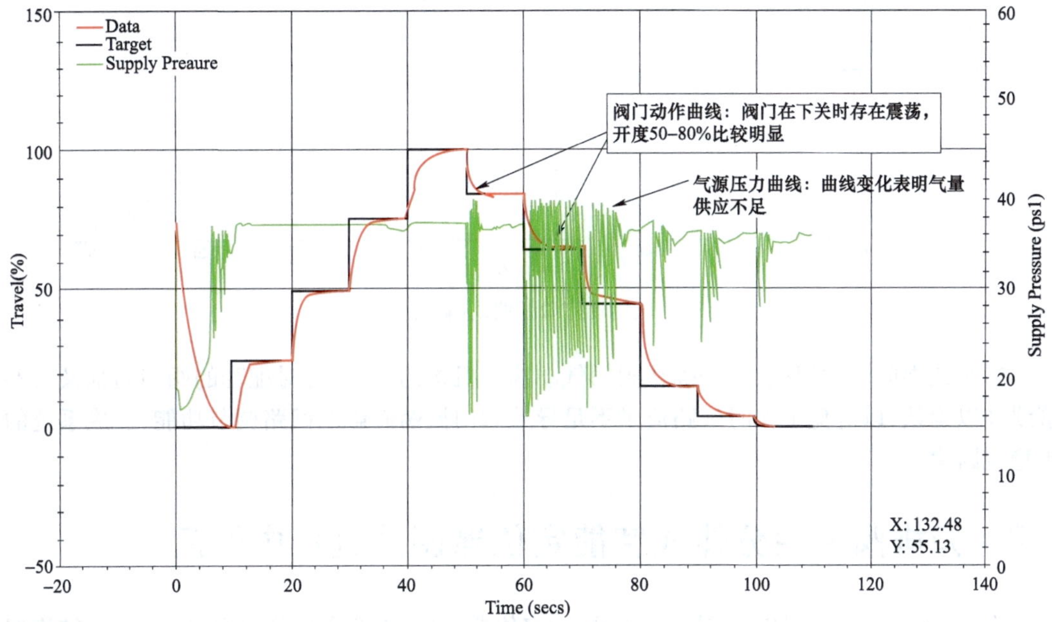

图 5-1　智能定位器振荡与气源压力关系图

图 5-1 中气源压力曲线的变化表明气量供应不足，定位器和放大器共气并且气路回路采用的气源管线为 3/8 in(英寸)仪表管及配套同尺寸通径的 67CFR 系列减压阀，DVC6000 型智能定位器工作时耗气量远大于 DVC5000 型，因此在阀门工作至 50%以上输出时，工作气供应量明显不足，阀门出现振荡。针对这个问题，对定位器和放大器供气回路改为通径尺寸 1/2 in(英寸)的过滤减压阀供气后，发现阀门振荡消除，气源压力变化正常，试验结果曲线如图 5-2 所示。

由于蒸汽发生器辅助液位调节阀和主给水泵再循环流量控制阀使用同样型号的阀门，因此根据上述分析及制定的技术方案，在 206 和 107 大修期间，对蒸汽发生器辅助液位调节阀定位器进行升级替代，采用的方案为使用通径尺寸 1/2 in(英寸)的过滤减压阀替换原有的通径尺寸

3/8 in(英寸)的过滤减压阀,蒸汽发生器辅助液位调节阀的供气管线通径为 1/2 in(英寸)的 67DFR 系列减压阀,在安装调试后结果表明,定位器工作正常,阀门动作平稳顺畅。

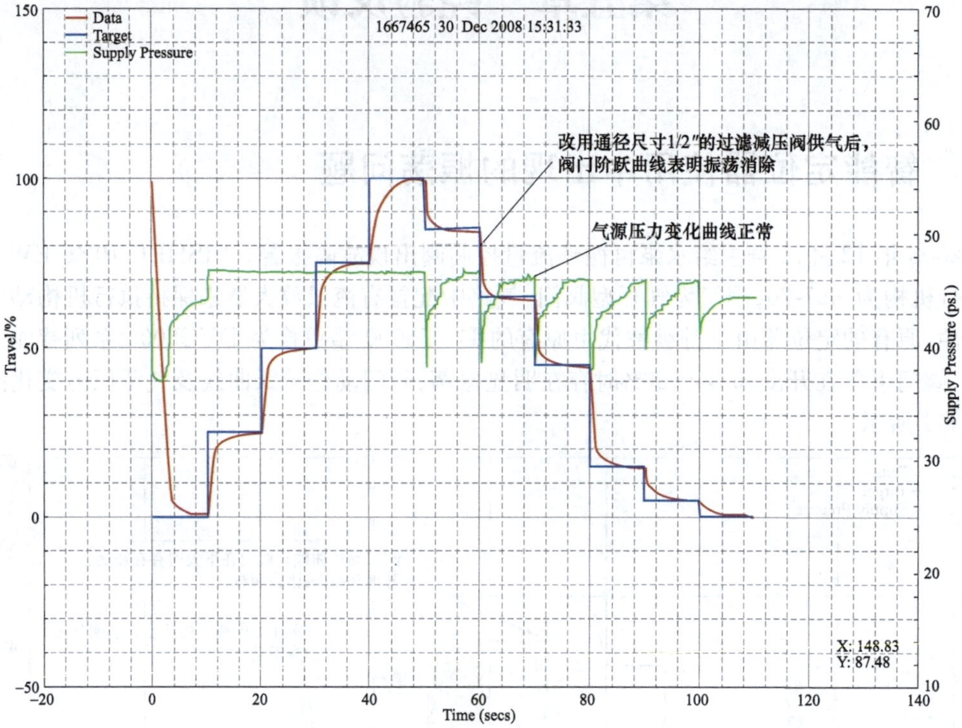

图 5-2 阀门动作阶跃曲线(解决振荡后)

针对此类问题的解决,首先确认阀门气动执行机构的尺寸,再对配套的阀门附加及气路管线加以确认,以避免工作时气路流量不足导致阀门振荡而影响回路调节功能,造成系统的不稳定因素。

5.2 旁排阀使用分体式智能定位器调试过程中的问题

在 106 和 206 大修期间实施了 CSDV 的定位器变更,将 8 个 CSDV 的原有电/气转换器和定位器用分体式智能阀门定位器替代,现场分别为阀门反馈部分和远程控制部分,安装完成后对每个阀门进行了单体逐步调试,CSDV 校验过程中,在给阀门定位器输入 4~20 mA 标准标定直流信号,观察阀门阀位的阶跃响应是否准确,发现阀门出现动作振荡现象:如给定位器加 25%输入信号,阀门实际动作先到达大于 25%信号所对应的行程位置,然后慢慢回到略低于 25%信号所对应的行程点,在输入信号不变的情况下,阀门在 25%行程附近反复动作无法稳定。阀门动作阶跃曲线如图 5-3 所示。

经分析产生振荡的原因之一:由于定位器的变更在机械阀体解体检修完成后实施,CSDV 的执行机构为机械阀体解体检修包括更换新的密封材料,所以机械解体回装完成后,阀芯的位移受到新的平衡密封安装不均匀所产生的静摩擦阻力的影响。当定位器作用于气动执行机构输出信号所产生的作用力不能有效克服静摩擦阻力时,阀芯位移动作阻滞,执行机构就会克服静摩擦阻力继续加大输出,直到输出力大于最大静摩擦阻力时,阀体的移动阻力将由静摩擦阻力变为滑动摩擦的阻力,受到的阻力马上减小,阀芯产生突然的移动且行程位移超调。在超调之后,由于执行机构内的压力的不平衡,阀门的执行机构产生的作用力使得阀芯回落,如此反复作用引起阀门动作振荡。

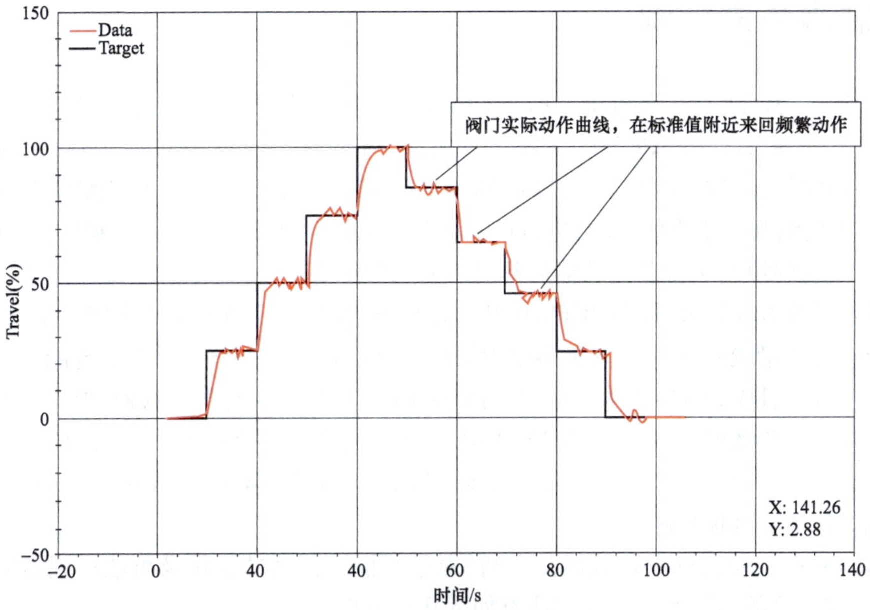

图 5-3 阀门动作阶跃曲线(之前)

产生的原因之二:由于 CSDV 的阀门行程较大(203 mm),而原有的机械式气动定位器对阀位的反馈比较滞后,而智能定位器为二阶控制模式,对电信号反馈的反应速度快,精度高,并且在控制回路里增加了小流量反馈(MLFB),以增加控制的精准度,因此在阀门动作过程中,由于控制回路的小回路反馈增益在给定值附近对定位器的输出值反复进行计算修正,因此表现出阀位一直无法稳定。

另一方面对阀门机械密封进行检查后发现,由于阀体机械密封安装不均匀,导致阀芯动作静摩擦力过大而对阀门动作产生影响,因此在重新均匀的安装机械密封后,以及对定位器的参数进行优化设置,把小回路流量反馈设定为 0,对阀门定位器(DVC6020)再次进行自整定校验,观察阀门动作阶跃变换,阀门动作振荡消除,阀门动作阶跃曲线如图 5-4 所示。

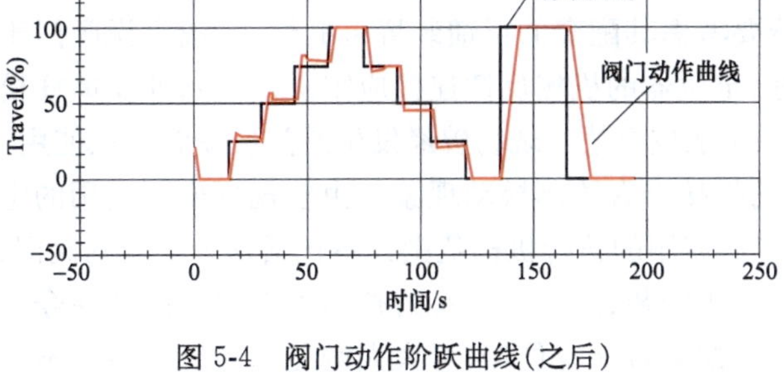

图 5-4 阀门动作阶跃曲线(之后)

如图 5-4 所示，阀门动作响应曲线平稳，振荡现象消除，因此后续对全部八台旁排阀的定位器进行了重新设置调校，确保了汽机旁路系统的稳定控制。

5.3 使用智能定位器突然控制失效的故障-RCW 母管压力控制阀失去控制

2009 年 11 月 11 日二号机组 2-67134-PCV4205#2 控制异常，故障现象为 RCW 压力控制系统 DCC 要求 2-67134-PCV4205#1/#2 的开度约 32%，2-67134-PCV4205#1 的开度反馈约 31%，现场实际开度约为 32%；2-67134-PCV4205#2 的开度反馈约 42%，现场实际开度约为 44%，且开度反馈为一条直线，没有进行调节，怀疑 2-67134-PCV4205#2 控制异常，现场对定位器进行了更换处理，更换新定位器后阀门恢复正常控制。

经过解体检查 FISHER DVC6000 智能定位器，发现该定位器的喷嘴挡板不过气，由于气路管线空气质量较差，将 I/P 转换器喷嘴脏堵，导致定位器没有输出，由于智能定位器对气源质量要求较高，DVC6000 要求配用能滤掉 40 μm 直径颗粒的空气过滤器，根据现场过滤器使用已经接近十年的情况，对气动回路的压空过滤器进行了更换，并且对气路回路进行了清洁吹扫，故障处理完至今，没有再次发生类似故障，保证了 RCW 系统压力的稳定控制。

智能定位器的其他故障。

通过对智能定位器的应用及故障分析，对于智能定位器的使用及可能出现的问题的预估，在今后定位器的实际使用中还应注意如下几个方面。

(1) 智能定位器的阻抗对控制回路的影响

由于智能阀门定位器的输入阻抗较高，而且随输入电流的增加而增大。例如 DVC 系列定位器作为 2 线制仪表使用时其输入阻抗为 415 Ω，如带 HART 协议型则输入阻抗更大，为 440 Ω左右，因此对调节信号的带负载能力有较高的要求。而通常情况下，三厂 DCC 的输出带负荷能力最大 500 Ω，因此在选用智能电气阀门定位器时一定要核对调节器输出控制信号的带负载能力，应大于 500 Ω，才能保证大开度时定位器的正常工作。特别是当系统的输出回路中直接驱动 2 个智能电气阀门定位器负载时候，将会出现负载能力不足无法控制的情况发生。鉴于此，对于调节器输出控制信号带负载能力不够的情况，应考虑以下解决方案：在输入信号回路中设置信号隔离器件，增加控制信号的带负载能力。即选用带负载能力高的中间隔离驱动器件，器件带载能力应大于 500 Ω。如果现场是防爆场所则可选用带负载能力高的隔离式安全栅。

(2) 智能定位器反馈组件与控制阀的连接

选用智能定位器要考虑其配套的反馈装置可靠性，一般来说阀门于同一厂牌的定位器之间的匹配性能较好，定位器的机械反馈连接应牢固、可靠，如反馈杆松动和脱落都会引起定位器失效，给调节系统酿成事故。现场曾经发生阀门反馈装置在使用 1 到 2 个运行周期后，凸轮与反馈连杆的焊接点有脱落松动现象。由于现场变更选用的定位器和执行机构为不同厂牌的设备，定位器使用的执行机构范围并不包括这个类型的阀门执行机构，因此定位器反馈组件需要另外加工配装，降低了设备的整体可靠性。因此在今后定位器升级替代选型时优先考虑同厂牌相配套智能定位器，可大大避免因为反馈装置不匹配带来的相关断点隐患。

5.4　阀门定位器升级后出现振荡

蒸气发生器辅助液位控制阀使用的气动执行机构为 FISHER 657-70 执行机构，气路配置为减压阀(67AF)、定位器(FISHER DVC5010-113)、控制电磁阀以及流量放大器(Moore 61H)。

当 DVC5010 升级更换为 DVC6010 定位器后，对阀门性能进行测试，发现 DVC6010 系列的阀门定位器比 DVC5010 系列定位器有更大的流通量，在阀门运行时需要更大流量及更稳定的压空供应。因此在阀门关闭过程中，气源通过减压阀同时供应给阀门定位器和流量放大器，就会出现压空流量不足，减压阀后压力持续振荡的现象，阀门动作出现振荡问题。

为了解决上述问题，根据厂家给出的建议修改方案和现场阀门工艺要求，将气路回路修改为如下：把原有的通径尺寸为 1/4 英寸的过滤减压阀更换为通径尺寸为 1/2 英寸的过滤减压阀，减压阀后的气路保持不变。通过此方法可以解决定位器和流量放大器由于争夺气源，导致的阀门振荡问题。

原有的气源供气管线为 1/2 英寸供气管线，把原有的通径尺寸为 1/4 英寸的过滤减压阀更换为通径尺寸为 1/2 英寸的过滤减压阀。减压阀后的气路回路保持不变，示意图如图 5-5 所示。

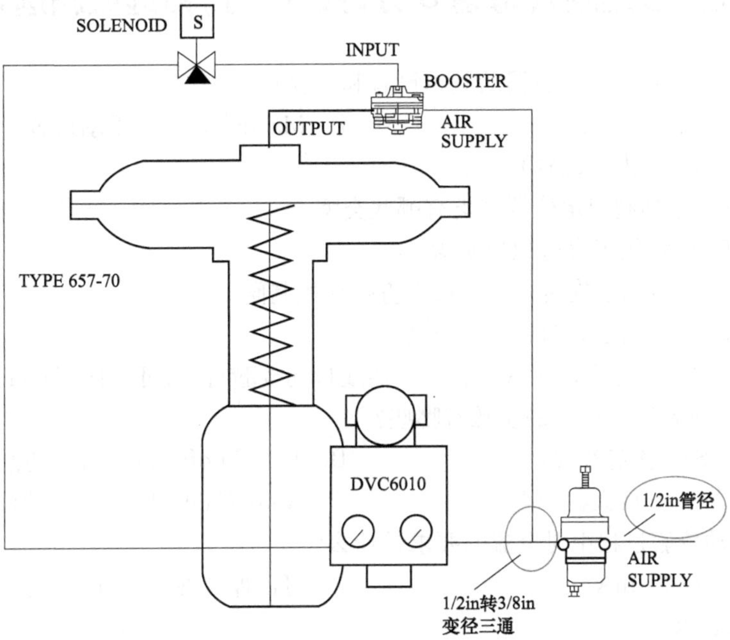

图 5-5　气路回路修改

第六章　习　题

6.1　填空题(每空2分,共20分)

1. 智能阀门定位器主要由I/P转换器、印刷电路板(PWB)组件和气动放大器组成。

2. 阀门模拟输入信号4～20 mA标准直流,最小控制电流4 mA,不致引起微处理器重新启动的最小电流3.5 mA,最大电压30 VDC,具有过载电流保护和反极性保护功能。

3. 气源压力:一般推荐比执行机构要求的最大值高5 psi,最大不超过150 psi或执行机构最大压力额定值,取两者中较低者。

4. DVC6000系列阀门定位器分5个等级,分别是AC、HC、AD、ESD、PD不同的等级配置的功能也不一样。

5. 为了设置和校验仪表,必须通过HART通信器把保护设定为None(无)。如果保护不在None(无)状态,要改变保护,需要跳线跨接接线盒的辅助端子。

6.2　选择题(多选题)(每题6分,共30分,错选或漏选均不得分)

6. DVC6000系列阀门定位器的基本设置和校验?

A. Auto Setup(自动设置)　　B. Manual Setup(手动设置)

C. Person Setup(人工设置)

7. DVC6000系列阀门定位器分类有哪些类型?

A. DVC6010型:用于直行程控制阀

B. DVC6020型:用于旋转式及长行程直行程控制阀

C. DVC6030型:用于纵向旋转式控制阀

8. 为了调整整定、行程切割低点和放大器或自动校验行程,可选择Tuning & Calib(整定和校验),然后选择需要进行的步骤有哪些?

A. Tuning Set(整定参数)　　B. Tvl Cutoff Low(行程切割低点)

C. Relay Adjust(放大器调整)　　D. Auto Calib Travel(自动校验行程)

9. 阀门自动校验过程中对电流的要求是什么?

A. 保持在4～20 mA　　B. 可以保持在4～20 mA任一点

C. 电源无要求

10. 阀门不动作可能原因有哪些?

A. 无气源　　B. 无电信号　　C. 阀门卡涩

6.3　问答题(共 50 分)

11. DCV6000 系列阀门定位器,各型号适用于哪些阀杆行程?(20 分)

答:DVC6010 型最大 0～102 mm(4 英寸),最小 0～9.5 mm(3/8 英寸),DVC6020 型最大 0～606 mm,转动角度(DVC6020 型和 DVC6030 型)最大 0～90°,最小 0～50°。

12. 使用 HART 通信器对阀门参数进行修改,需要注意什么?(15 分)

答:1. 电信号不能断;2. 所有调整必须保证阀门在"out of service"状态下;3. 修改完毕必须将参数"send"至定位器中。

13. 如何对气动放大器进行调整?(15 分)

答:为了检查气动放大器的调整,可选择 Relay Adustment(气动放大器调整),然后按照 HART 通信器显示的提示去做。由于 HART 手操器运算响应比较慢,需要耐心等待,确认显示没有变换才可进行后面的操作,另外为了保证气动放大器调整的正确性,需要多次确认(至少 5 次)。

6.4　实操题

鉴定点:DVC6000 系列阀门定位器现场安装与参数设定

试题:DVC6000 系列阀门定位器现场安装与参数设定

1. 准备要求:

考场准备:

(1) 试题名称:DVC6000 系列阀门定位器现场安装与参数设定

(2) 本题分值:100 分(实操:80 分、口试:20 分)

(3) 考核时间:150 min

(4) 考核形式:实操、口试

(5) 设备设施准备:阀门、定位器

考生准备:

(1) 工器具、材料及量具等器具准备

(2) 维修文件准备

(3) 辅助人员准备

2. 考核要求:

(1) 考核场地要求:现场整洁,工器具摆放有序,符合工业安全和辐射防护要求

(2) 实际操作要求:具体考核要求详见岗位培训评价表

(3) 否定项说明:

1) 考试过程中,非考生本人亲自参加考核。

2) 技能培训中操作步骤不按顺序执行并已经导致操作部分无法成功完成。

3) 遗漏技能培训科目操作步骤中的关键步骤,导致操作部分无法完成。

4) 技能培训操作中严重违反安全生产相关规定的操作步骤。

5) 技能培训口试中答案严重违反安全生产相关规定。

6）出现严重偏离技能培训目标标准的答案。

7）无法回答一定数量口试问题。

(4) 其他:辅助人员帮助或提示考生酌情予以扣分

3. 其他说明:

本实操题考核的前提条件是:学员完成理论培训。

4. 配分与评分标准:

所在单位/处室: 培训地点:

学员姓名: 培训日期:

任务编号:	培训项目名称:	平均执行时间:
	DVC6000 阀门定位器现场安装与参数设定	1 小时

(1) 绩效评价

P & S	C&S	行动步骤	标准	合格	不合格
P	C	A1:DVC6000 系列阀门定位器分类及现场安装方法、注意事项	1. DVC6000 系列阀门定位器的三种配置及适用的场合 2. 目前三期现场最常用的 DVC6020 型阀门定位器的安装方法及注意事项		
P	C	A2:DVC6020 型阀门定位器的基本设置、详细设置及校验	1. HART275 通信器的使用 2. 组态保护、仪表模式、基本设置、放大器调整、自动校验行程、性能优化等 3. 仪表模式、控制模式、重新启动控制模式、执行机构和阀门信息设置、响应参数特性、最小开关时间、行程限位切割、报警设置等		

说明:代码:(S) 次序非常重要。这一步必须在上一步之后执行

(C) 关键步骤。没有满足该项标准就没有通过评估。

P&S:执行或模拟,参考岗位培训绩效测评水平中的执行和模拟

(2) 知识技能

每个绩效测评,评估者从以下题目中随机选择至少 4 个问题

口头提问	可接受答案的关键内容	合格	不合格
K1:DVC6000 系列阀门定位器的三种配置	DVC6010 型:用于直行程控制阀 DVC6020 型:用于旋转式及长行程直行程控制阀 DVC6030 型:用于纵向旋转式控制阀		
K2:气源压力设置及精度	压力推荐值:比执行机构 BENCHSET 高 5 psi;精度以独立线性度衡量:±0.75%(长行程数字式±0.5%)		

所在单位/处室：　　　　　　　　　　培训地点：

学员姓名：　　　　　　　　　　　　培训日期：

任务编号：	培训项目名称：	平均执行时间：
	DVC6000 阀门定位器现场安装与参数设定	1 小时

K3：DVC6020 型适用的行程范围	直行程：最大 0～606 mm。 转动角度：最小 0～50°，最大 0～90°		
K4：简述 DVC6020 型安装在长行程直行程和旋转式执行机构上的方法及注意事项	1. 现场安装板及调整支架的使用 2. 调整臂、反馈臂、随动加长臂的定位 3. 旋转式：滚轮和凸轮的定位		
K5：安装 67CFR 型过滤调压器的方法	1. 集成式安装 2. 支架式安装 3. 膜盖式安装		
K6：DVC6020 型的输出连接	1. 单作用执行机构（正作用、反作用） 2. 双作用执行机构		
K7：DVC6020 型的 4～20 mA 回路连接	TALK（通信）、LOOP（回路）、AUX（辅助）、接地等连接方法		
K8：HART 275 的基本功能及菜单结构	HART 275 操作键的功能，热键的功能。菜单结构：离线和在线组态		
K9：基本设置：取消组态保护步骤	1. 把 4～20 mA 信号源连接到仪表上 2. 把 HART 通信器连接到仪表上并将其开启 3. 按 HART 通信器上的热键，并选择 Protection（保护） 4. 从 Protection（保护）菜单里选择 None（无）。必要时需要跨接辅助端子 AUX+和 AUX—		
K10：设定和校验仪表时的仪表模式	为了设定和校验仪表，Instrument Mode（仪表模式）必须处于 Out Of Service（非投用状态）		

所在单位/处室： 培训地点：

学员姓名： 培训日期：

任务编号：	培训项目名称：	平均执行时间：	
	DVC6000 阀门定位器现场安装与参数设定	1 小时	
K11：DVC6020 阀门定位器的基本设置方法	1. Auto Setup(自动设置) 2. Manual Setup(手动设置)。Instrument Mode(仪表模式)Control Mode(控制模式)Pressure&Actuator(压力与执行机构)Tuning&Calib(整定与校验)		
K12：DVC6020 阀门定位器放大器调整	1. 单作用执行机构(单作用反作用阀门定位器出厂已调整) 2. 双作用执行机构(选择时，HART 通信器会自动地将阀门定位)，输出压力介于供气压力的 60%～80%		
K13：DVC6020 阀门定位器自动行程校验	当反馈连接是 SStem—Standar(滑杆— 标准)时，Auto Calibrate 才需要用户互动。其他则不需要 步骤：Set up&Diag—Calibrate—Auto Calib Travel，自动标定大概持续 3 分钟		
K14：DVC6020 阀门定位器响应控制参数设置	1. Tuning Set(内部参数整定)，11 组预置参数，代码从 C 到 M，其中 C 响应最慢，M 响应最快。还有 User Adjusted(用户调整)和 Expert(专家级)，该方式不提倡 2. Input Char(输入特性)，一般选择线性 3. Set Point Filter Time(设定点滤波时间)，改善过程控制特性，使阀门动作变平缓 4. Min Opening Time(最小开阀时间)，以秒为单位，如果设置为 0 则无效 5. Min Closing Time(最小关阀时间)，以秒为单位，如果设置为 0 则无效		

所在单位/处室：　　　　　　　　　　　　　　培训地点：
学员姓名：　　　　　　　　　　　　　　　　培训日期：

任务编号：	培训项目名称：	平均执行时间：	
	DVC6000 阀门定位器现场安装与参数设定	1 小时	
K15：DVC6020 型阀门定位器其他功能设置	1. 性能优化整定 2. 模拟输入校验 3. 压力传感器校验 4. 形成传感器校验 其他功能现场目前没有使用，请查阅厂家维护手册参考		

(3)打分/评价单

总评：　　　　　　　优秀　　　　　　　合格　　　　　　　不合格

考生是否需要补考(如果有充分的补考措施)：
评估者签字：　　　　　　　　　　　　　　日期：

评价(针对合格者)和意见(意见针对不合格者)：

学员签字：　　　　　　　　　　　　　　日期：

评分人：　　年　　月　　日　　　　　　　　　　　　　核分人：　　年　　月　　日

第八部分　压力开关的检查和校验

第一章　操作准备

1.1　压力开关的工作原理

1.1.1　压力测量的基本概念

工程技术中压力是指“垂直作用在物体单位面积上的力”。

在国际单位制(SI)和我国法定计量单位中,压力的单位是“帕斯卡”,简称“帕”,符号为“Pa”。

1 Pa=1 Nm^2,即 1 N 的力垂直均匀作用在 1 m^2 的面积上所形成的压力叫 1 Pa。

大气压力、表压力、绝对压力的关系:

如果令 P 为绝对压力,P_0 为当时当地的大气压力,P_e 为表压力,则有:

$P=P_e+P_0$　　　$P_e=P-P_0$

当 $P_e>0$ 时,表压力 P_e 称为正压,简称压力;当 $P_e<0$ 时,表压力 P_e 称为负压,或真空,或真空度。

1.1.2　压力开关的原理概述

压力开关是一种简单的压力控制装置,当被测压力达到额定值时,压力开关可发出警报或控制信号。大致分为电子式和机械式两大类。电子压力开关是通过高精度仪表放大器放大压力信号,通过高速 MCU 采集并处理数据,内置精密传感器进行补偿,是检测压力,实现压力控制的高精度设备。机械式压力开关则是纯机械结构,通过膜片或者弹簧等感应压力变化,当压力增加时开关闭合或者开启,将外部电路连接或者导通。机械压力开关及其微动开关图 1-1 和压力开关内部机构图 1-2。

压力开关的工作原理:当系统内压力高于或低于额定的安全压力时,感应器内膜片瞬时发生移动,通过连接导杆推动开关接头接通或断开,当压力降至或升额定的恢复值时,膜片瞬复位,开关自动复位,或者简单地说是当被测压力超过额定值时,弹性元件的自由端产生位移,直接或经过比较后推动开关元件,改变开关元件的通断状态,达到控制被测压力的目的。压力开关采用的弹性元件有单圈弹簧管、膜片、膜盒及波纹管等。开关元件有磁性开关、水银开关、微动开关等。

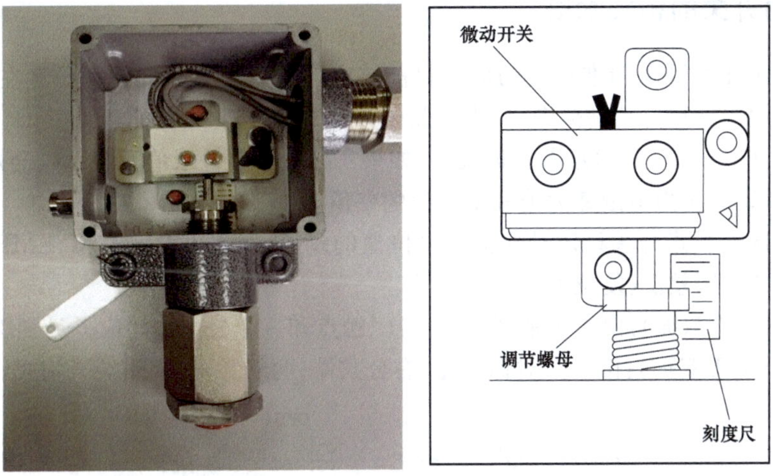

图 1-1　机械压力开关和其内部微动开关

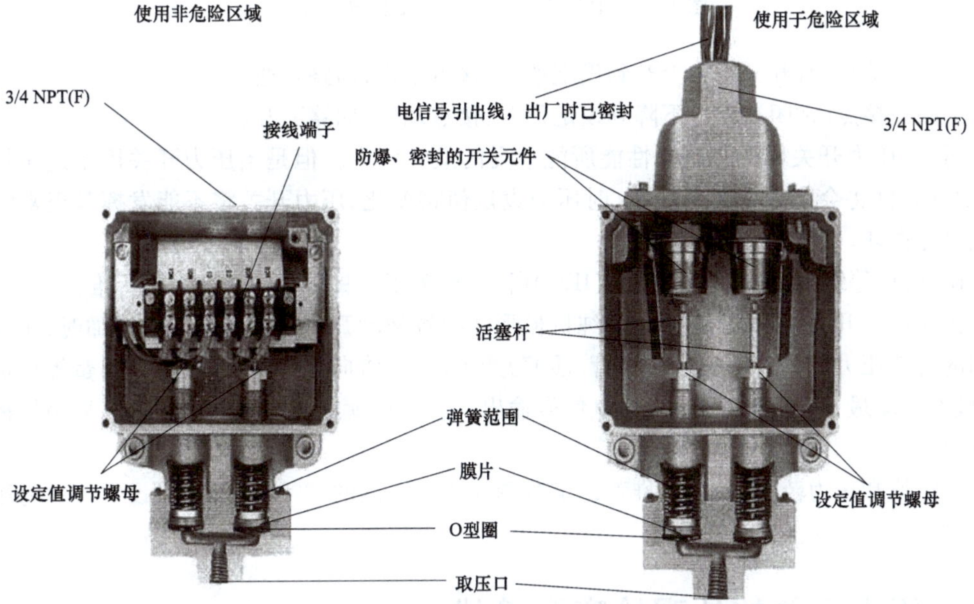

图 1-2　机械压力开关内部结构图

压力开关主要类别包括常开式和常闭式。根据感受压力的方式又可分为正压和负压。主要特点是：

1. 采用英制管螺纹快速接头或铜管焊接式安装结构，安装灵活，使用方便，无需特殊的安装固定。

2. 导线式连接方可供用户任意选定。

3. 密封式不锈钢感应器安全可靠。

4. 根据系统上所需求的压力设定值来选定合适的压力开关量程范围。

1.1.3　压力开关的相关术语

精度:表示压力开关精准程度的值。目前核电厂的压力开关的精度已经在标定单上注明,当标定期间误差超过精度范围时,表示此压力开关不合格,需要重新调整。

最大压力(Max.*P*):压力范围的最大值,如果实际压力超过限值开关可能会永久损坏。

满量程(*F.S*):压力范围最大值和最小值的差值。

回差(死区):是指开关设定动作值和复位值的差值,例如当设定值为 1 MPa,实际复位值为 0.9 MPa 时,回差值(复位值)为 0.1 MPa。

S.P.D.T(单刀双掷):由一个常开、一个常闭触点和一个公共端构成。见图 1-3。

D.P.D.T(双刀双掷):由一个对称的左、右公共端,两组常开、常闭端子构成。见图 1-3。

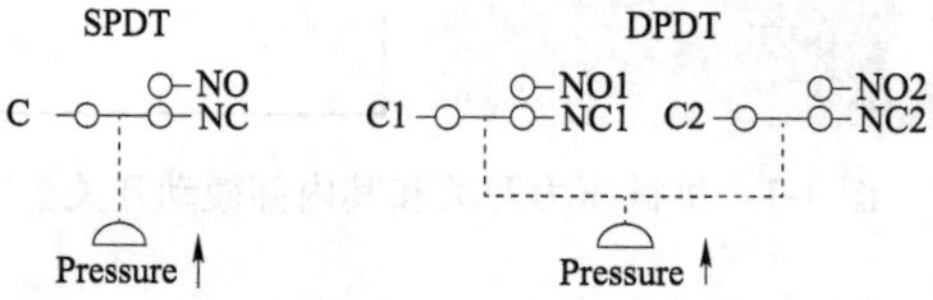

图 1-3　S.P.D.T 和 D.P.D.T 动作点示意图

上限—接点(常开):压力上升到设定值时,接点动作,回路导通。

下限—接点(常闭):压力下降到设定值时,接点动作,回路断开。

耐压:压力开关保持其正常性能所能承受的最大压力。但是当压力开关用于过压场合时,敏感元件将会产生持续形变,这时压力设定值将变化,压力开关将不能发挥其正常性能甚至可能损坏。

IP(防护等级):由国际电工协会(IEC)所起草,关于灯具防尘防潮特性的标准。

机械压力开关:机械压力开关为纯机械形变导致微动开关动作。当压力增加时,作用在不同的传感压力元器件(膜片、波纹管、活塞)产生形变,将向上移动,通过栏杆弹簧等机械结构,最终启动最上端的微动开关,使电信号输出。核电厂就地压力开关仪表普遍采用机械压力开关。

设定值和压力范围的确定:推荐设定范围在压力范围的 30%～65%,可设定范围为压力范围的 15%～90%。

1.2　压力开关的外观检查及接线

1. 打开开关的外盖,用目测检查开关外表,观察部件有无明显损坏。

2. 在“COM”端和常开端或常闭端连接压力校验仪的电信号输入端,用手或其他有一定刚性的棒状物轻触触点开关,观察过程校验仪是否有触点闭合或断开的信号声。如无,则触点开关已损坏,须先修复或更换触点开关。

3. 检查联动杆是否完好,如果断裂,需要及时更换。

4. 检查压力传感元件是否完好。根据压力开关校验示意图 1-4 和图 1-5 连接压力开关,确保校验回路不泄漏,压力显示数值能够正确响应。图 1-4 使用的是 FLUKE745 过程校验仪器、压力模块、手操泵以及测量开关接点通断回路信号线组成的开关校验回路,此设备的特点是可以适应于各种量程压力开关的校验，只需压力模块和压力开关量程相配对，既可以在小量程范围压力开关也可以在大量程范围的压力开关使用。图 1-5 使用的是压力校验仪 DPI610 和测量开关接点通断回路信号线组成的开关校验回路。图 1-4 和图 1-5 是核电厂比较常见的压力开关校验方式。

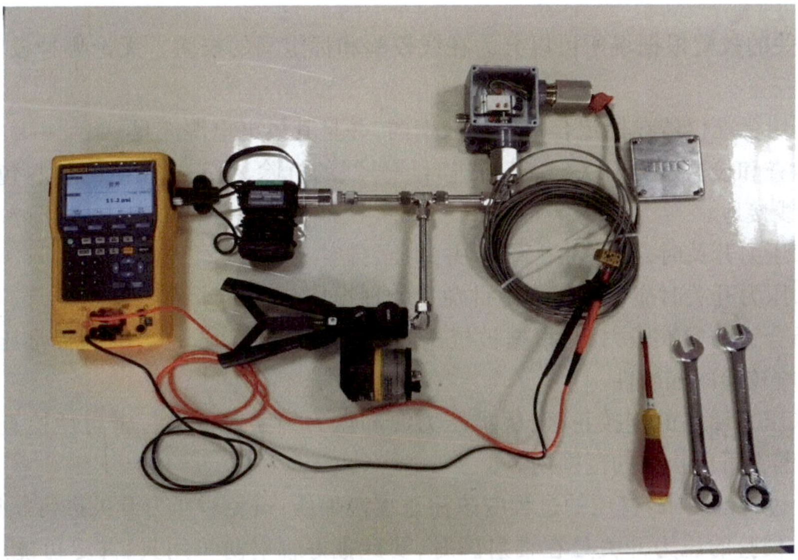

图 1-4　过程校验仪 FLUKE745 校验压力开关回路示意图

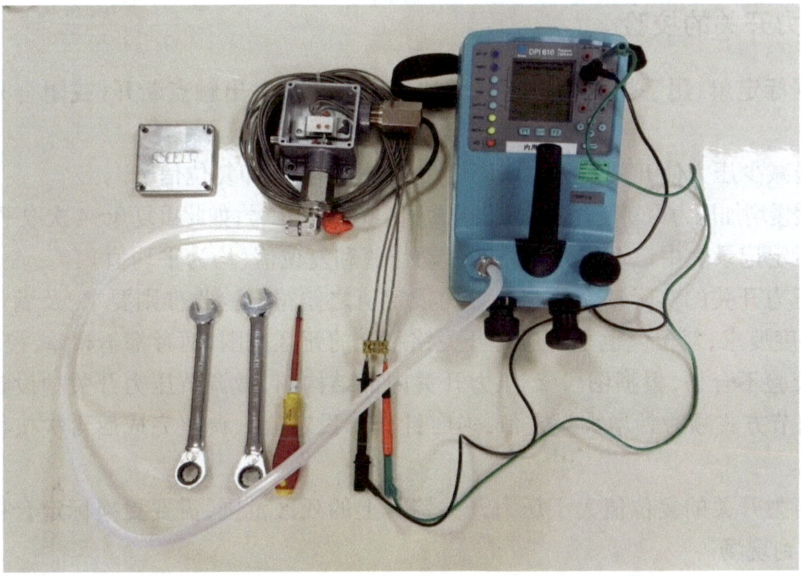

图 1-5　压力校验仪 DPI610 校验压力开关回路示意图

5. 根据压力开关的耐压值进行压力试验。观察压力元件有无泄漏现象，如无，则压力开关是好的；如有，此开关已损坏，不能使用，需要更换备件。

6. 重新装上压力开关的外盖，将开关恢复原样。

1.3 压力开关的校验

1.3.1 压力开关校验的注意事项

压力开关的校验根据场所可以分为在线校验和标定间的校验。无论哪种校验都应注意以下事项：

1. 校验用标准仪器在标定合格的有效期内，并且其供电电源充足。

2. 在检查和校验压力开关时，若需进行信号线的拆除，线头要用绝缘材料包好，防止控制回路信号线接地。

3. 拆卸压力开关时，要关闭隔离阀，并卸压、排空。

4. 拆卸压力开关时应保证压力元件免受物理损伤。

5. 选择合适的标准压力源：根据被校压力开关的设定值，选择合适的标准压力源，过大的量程会影响校验的准确性。

6. 确认压力回路的连接正确：标准压力源和压力回路应该进行密封性检查，确保没有泄漏或者泄漏在可以接受的范围内。

7. 校验过程的要求：打压的过程应该注意缓慢加压，避免对压力开关进行超压的操作。

8. 若被校验的压力开关处在辐射区时，要穿戴好辐射防护用具，并尽可能地减少在现场滞留的时间。

1.3.2 压力开关的校验

1. 根据标定单，用手持压力校验仪增加压力使开关发出触点断开（或闭合）信号，即动作信号。

2. 缓慢减少压力使开关发出触点闭合（或断开）信号，即复位信号。

3. 再缓慢增加压力重新使开关发出触点断开（或闭合）信号；如此重复3～4次取平均值。

4. 在标定记录表中记下压力开关实际动作值和复位值（均为平均值）。

5. 如压力开关的实际动作值与系统的设定值之差符合验收准则要求，及满足压力开关铭牌上的精度要求，复位值也小于压力开关铭牌上的死区范围，两者都不超差，校验完毕。

6. 如校验不合格，根据图1-2压力开关内部结构图，微调节压力开关的设定值调节螺母。一般调节方式顺时针增大设定值，逆时针减小设定值。调整完成后再次按标准流程校验压力开关。

7. 如压力开关的复位值大于压力开关铭牌上的死区范围，需要更换标定合格的压力开关备件安装到现场。

8. 恢复压力开关的控制接线，确认接线紧固，恢复到标定前的工作状态。

1.4 文件准备

压力开关的检查和校验完全模拟现场工作，具有完整的工作包。包括工单、标定单、工前会、工后会等操作步骤。

1.5 工器具准备

仪用螺丝刀(一字、十字)一套,固定开口扳手一套,过程校验仪(FLUKE 744 型),压力校验仪(DPI610)。3/8 in(英寸)软管 2 m,接头 1/4 in(英寸)、1/2 in(英寸)、3/4 in(英寸)(Parker、Swegelok)两套,聚四氟乙烯带一卷。

1.6 模拟体准备

三厂 1 号机组 S1-224 模拟体,模拟体处于可用状态。检查模拟体是否有损坏,核实可否正常动作,以确保教学过程的顺利实施。

1.7 辐射防护准备

三厂 1 号机组 S1-224 模拟体无辐射风险。

1.8 工业安全准备

按照工业安全规定执行,所有人员穿戴劳动保护用品。具体的工业安全准备需根据现场环境而确定,但基本的工业安全需要准备。所有人员必须佩戴安全帽、防砸鞋、工作服、手套等。检修场地使用警示带进行围栏,确保工作过程中无非工作人员进入。

1.9 配合人员准备

需仪控人员配合教员。

1.10 场地准备

清理场地,确保检修场地无其他异物;合理分配场地,确保工具、设备的合理分布,方便检修;在场地外围布置警示带。

第二章　操作实施

2.1　操作步骤(工单)

1. 确认工作对象。
2. 检查确认标准仪器。
3. 连接压力开关校验回路。
4. 对压力开关进行校验,并确认压力开关标定合格。
5. 拆除压力开关校验回路。
6. 检查清洁压力开关。
7. 确认工作完成,清理工作现场。

2.2　工前会

见表 2-1。

表 2-1　维修工前会议记录表

工作内容：			工单号：
电厂：	机组：	系统：	工作地点：
设备编码：		工作负责人/项目负责人：	
一、工作负责人/项目负责人会前需要确认的事项：			
	□维修工作包完整齐全	□工具和备品备件齐全	□风险分析全面
	□安全措施正确完备并已落实到位	□隔离边界明确	□工作票证齐全
	□工作组成员精神状态良好	□个人防护用品和安全用具齐全	
	□水、电、气、汽源情况检查,确认工作期间对这些源的使用便利性和安全性		
二、工作负责人/项目负责人向工作组成员交代以下事项：			
	□工作目的、工作对象、工作范围、工作地点		
	□工作组成员分工		
	□工作风险分析及预防性措施		

续表

三、工作负责人/项目负责人与工作组成员讨论并记录以下事项：	
	程序关键步骤、高风险步骤提示及预防性措施：
	以往同类工作经验反馈：
	其他事项：
声明： 本人已参加此次工前会，已清楚工前会的内容及要求，并保证在工作实施过程中严格遵守和执行。 工作组成员签名/日期：	

说明：
1. 工作负责人/项目负责人负责组织并主持召开工前会并记录。
2. 开工前工前会记录表必须填写完成，未完成填写或现场无工前会记录表不准开工。
3. 工作组全体成员在了解工前会全部内容和要求，并同意工前会声明后签字。
4. 工前会记录表中确认项目涉及就打“√”，没有涉及打“×”。
5. 工前会中讨论记录事项空间不足可在背面记录，没有涉及请填写“无”。

2.3 实际操作

见表 2-2。

表 2-2　实际操作步骤及要求

序号	操作步骤	操作要求	工器具	测评标准	备注
1	确认工作对象	根据标定单确认设备		自检/互检确认	
2	检查确认标准仪器	1. 检查标准仪器的量程和有效期 2. 检查标准压力源的气密性 3. 确认标准仪器的供电充足	仪用工具包	1. 确认标准仪器的量程合适、在有效期内 2. 确认标准压力源无泄漏 3. 确认标准仪器的供电充足	
3	连接压力开关校验回路	1. 连接压力回路 2. 连接电气回路	仪用工具包、标准仪器	1. 确认压力开关的触点开关正常 2. 确认压力回路连接正确，无泄漏 3. 确认电气回路连接正确	
4	对压力开关进行校验	按标定单对压力开关进行标定	仪用工具包、标准仪器	1. 按标定单要求对压力开关进行标定 2. 校验操作正确，标定结果合格 3. 仪表/工具使用正确	
5	拆除压力开关校验回路	1. 拆除压力回路 2. 拆除电气回路	仪用工具包	1. 卸压，拆除压力回路 2. 拆除电气回路	

续表

序号	操作步骤	操作要求	工器具	测评标准	备注
6	检查清洁压力开关	1. 清洁压力开关外壳 2. 检查电缆接头、接线端子 3. 检查表盖密封垫	仪用工具包	1. 外壳已清洁 2. 电缆接头、接线端子紧固 3. 确认密封垫完好	
7	确认工作完成，清理工作现场	工完料净		模拟实施	

2.4 关键点

压力开关(工作间)校验过程中,为了保证工作顺利进行,必须注意如下的关键点：

1. 选择合适的标注压力源。

2. 确认压力开关的清洁干净。

3. 确认压力回路的连接正确。

4. 打压的过程应该注意缓慢加压,重复 3～4 次动作取平均值,同时避免对压力开关进行超压的操作。

第三章　故障检查和处理

3.1　常见故障现象、判断方法、故障原因分析、故障排除方法

见表3-1。

表3-1　故障现象、判断方法、故障原因分析、故障排除方法

序号	故障现象	判断方法	故障原因分析	故障排除方法
1	压力无法稳定	检查压力回路及设备的气密性	连接头有漏	紧固漏点
2	设定值未调整,但是动作值发生变化	几次动作值偏差较大	微动开关定位不牢或未压紧:压力开关的微动开关,靠螺钉压紧定位。因此在接信号线与拆线时,螺丝刀加给微动开关的力和设备外壳时碰撞信号线的力,均可能造成微动开关错位,致使动作值发生变化,即改变原来已调好的动作压力,而误发动作信号	紧固微动开关,测量触点通断时必去轻碰微动开关,不可过于用力
3	微动开关不灵敏,复位性差	复位值和动作值偏差过大	微动开关内的簧片弹力不够,触头压下后便弹不起来;或因灰尘多,粘住触头使微动开关信号不正常而误发动作信号	此时应修复或更换微动开关,或者更换压力开关

第四章 操作结束

4.1 工后会

工后会是对整个工作的过程的回顾以及必要的经验反馈(见表 4-1)。

表 4-1 维修工后会记录表

<table>
<tr><td colspan="4">工作内容：</td><td>工单号：</td></tr>
<tr><td colspan="2">电厂：</td><td>机组：</td><td colspan="2">工作负责人/项目负责人：</td></tr>
<tr><td colspan="3">计划完工时间：</td><td colspan="2">实际完工时间：</td></tr>
<tr><td colspan="2">序号</td><td>检查项目</td><td>检查结果</td><td>异常情况记录</td></tr>
<tr><td rowspan="5">一
工
作
回
顾</td><td>1</td><td>工作许可证已归还</td><td>□是 □否</td><td></td></tr>
<tr><td>2</td><td>检修现场清理完成</td><td>□是 □否</td><td></td></tr>
<tr><td>3</td><td>设备标牌清晰无损伤</td><td>□是 □否</td><td></td></tr>
<tr><td>4</td><td>检修任务达到预期结果</td><td>□是 □否</td><td></td></tr>
<tr><td>5</td><td>试验设备和工器具已归还</td><td>□是 □否</td><td></td></tr>
<tr><td rowspan="11">二
经
验
反
馈</td><td>6</td><td>工期安排合理</td><td>□是 □否</td><td></td></tr>
<tr><td>7</td><td>工作人员配置充足</td><td>□是 □否</td><td></td></tr>
<tr><td>8</td><td>工作文件准备充分</td><td>□是 □否</td><td></td></tr>
<tr><td>9</td><td>工作人员的检修技能满足要求</td><td>□是 □否</td><td></td></tr>
<tr><td>10</td><td>规程、图纸需要升版</td><td>□是 □否</td><td></td></tr>
<tr><td>11</td><td>库存备件需要补充</td><td>□是 □否</td><td></td></tr>
<tr><td>12</td><td>更换下来的旧部件需要利旧翻新维修</td><td>□是 □否</td><td></td></tr>
<tr><td>13</td><td>检修过程中出现预期外的现象和报警</td><td>□是 □否</td><td></td></tr>
<tr><td>14</td><td>提出缺陷单、QDR、状态报告等</td><td>□是 □否</td><td></td></tr>
<tr><td>15</td><td>编写良好实践、经验反馈</td><td>□是 □否</td><td></td></tr>
<tr><td>16</td><td>工作中需要协调、改进建议等</td><td>□是 □否</td><td></td></tr>
<tr><td>三
其
他
事
项</td><td>17</td><td></td><td></td><td></td></tr>
<tr><td colspan="5">工作组成员签名/日期：</td></tr>
</table>

说明：

1. 工作负责人/项目负责人负责组织工后总结并记录。
2. 工后总结记录表中每一项都必须打"√"确认，不要遗漏。
3. 如有异常，请详细填写异常情况说明，以及后续处理方案。
4. 其他事项根据讨论情况记录，经讨论没有涉及请填写"无"。
5. 工后总结结束后，全体工作人员签字确认。

4.2　评判

学员对操作过程进行阐述,并说明其中的关键点以及注意事项。教员对学员的陈述简要记录,根据阐述评判学员的掌握情况。教员指出学员阐述过程中的错误以及需要注意的事项,并且依据评判表,对学员的学习情况作出整体评判。

第五章　经验反馈

5.1　某厂 RCW 泵出口母管高压力开关回差/设定值偏差大

状态描述:状态报告编号:CR201421910。循环冷却水系统(RCW)泵出口母管高压力开关(2-67134-PS-4310)因回差/设定值偏差大连续三次大修进行了更换,其死区漂移值超过 21 kPa,由于工单 6076930 压力开关(2-67134-PS-4310)对应产生主控报警 CI1144,运行人员需对此报警进行响应操作(某厂运行手册 98-71340-OM-001 中 6.0 报警响应规程部分),如果压力开关回差过大,会导致报警产生后不及时消报;压力开关设定值漂移,也会导致报警不准确。上述故障会给运行人员响应带来干扰,该设备采用 ASHCORFT 厂家 B420B XNH 型压力开关,量程范围:0～1 400 kPa,死区为量程的 10%,及为 140 kPa 左右,且为固定死区,不能进行调整,因此建议进行设备型号替代。

原因分析及评价:此型号压力开关设备死区过大,影响回差控制,将对压力开关(2-67134-PS4310)进行型号替代,以减小开关的回差,设备需要升级换型。

5.2　标准工单中对压力开关的压力设定调节方法与实际不符

状态简述:状态报告编号:CR201309271。2013 年 5 月 30 日,燃料操作处仪控人员在开展安全壳水下闸门压力开关定值检查(工单:6068033)工作时,发现标准工单中对压力开关 2-62166-PS1、PS2 的压力设定调节方法与实际不符,工单中设定方法为:顺时针调节设定螺母增大设定点,逆时针调节设定螺丝减小设定点。而实际设定方法是:顺时针调节设定螺母减小设定点,逆时针调节设定螺丝增大设定点。

原因分析及评价:状态报告描述问题是对设定值螺母的顺时针、逆时针基准不明所致,如按照从上往下看,工单操作步骤描述没有问题。故需对预防性工单进行明确。预防性工单 631、632 已经修订,增加了“从上往下看”的基准要求,确保设定值螺母调节正确。

第六章　习　题

6.1　简答题(每题10分)

1. 简述在标定压力开关时碰到的故障现象,及如何判断、故障原因分析、故障排除方法。

答:

序号	故障现象	判断方法	故障原因分析	故障排除方法
1	压力无法稳定	检查压力回路及设备的气密性	连接头有漏	紧固漏点
2	设定值未调整,但是动作值发生变化	几次动作值偏差较大	微动开关定位不牢或未压紧:压力开关的微动开关,靠螺钉压紧定位。因此在接信号线与拆线时,螺丝刀加给微动开关的力和设备外壳时碰撞信号线的力,均可能造成微动开关错位,致使动作值发生变化,即改变原来已调好的动作压力,而误发动作信号	紧固微动开关,测量触点通断是轻碰微动开关,不可过于用力
3	微动开关不灵敏,复位性差	复位值和动作值偏差过大	微动开关内的簧片弹力不够,触头压下后便弹不起来;或因灰尘多,粘住触头使微动开关信号不正常而误发动作信号	此时应修复或更换微动开关,或者压力开关

2. 简述压力开关的校验方法。

(1) 缓慢减少压力使开关发出触点闭合(或断开)信号,即复位信号。

(2) 再缓慢增加压力重新使开关发出触点断开(或闭合)信号;如此重复3～4次取平均值。

(3) 在标定记录表中记下压力开关实际动作值和复位值(均为平均值)。

(4) 如压力开关的实际动作值与系统的设定值之差符合验收准则要求,即满足压力开关铭牌上的精度要求,复位值也小于压力开关铭牌上的死区范围;两者都不超差,校验完毕。

(5) 如校验不合格,微调节压力开关的设定值调节螺母。一般调节方式顺时针增大设定值,逆时针减小设定值。调整完成后再次按标准流程校验压力开关。

(6) 如压力开关的复位值大于压力开关铭牌上的死区范围,需要更换标定合格的压力开关备件安装到现场。

(7) 恢复压力开关的控制接线,确认接线紧固,恢复到标定前的工作状态。

3. 简述压力开关(工作间)校验过程中,为了保证工作顺利进行,必须注意如下的关键点:

(1) 选择合适的标注压力源。

(2) 确认压力开关的清洁干净。

(3) 确认压力回路的连接正确。

(4) 打压的过程应该注意缓慢加压,重复 3~4 次动作取平均值,同时避免对压力开关进行超压的操作。

4. 画出单刀双掷、双刀双掷示意图

S.P.D.T(单刀双掷):由一个常开、一个常闭触点和一个公共端构成。

D.P.D.T(双刀双掷):由一个对称的左、右公共端,两组常开、常闭端子构成。

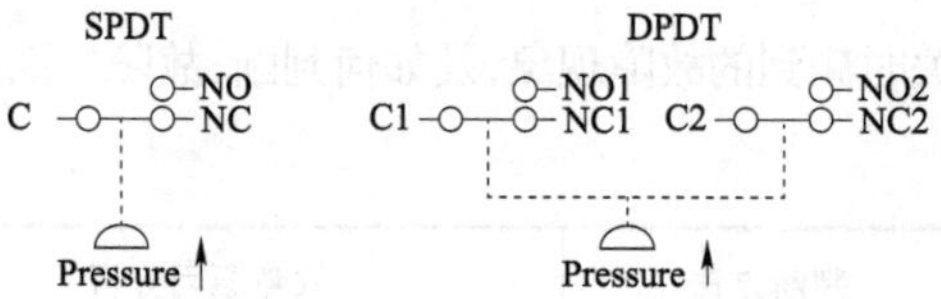

6.2 实操题

试题:压力开关(工作间)校验

鉴定点:压力开关(工作间)校验

1. 准备要求:

(1)考场准备:

1) 试题名称:压力开关(工作间)校验

2) 本题分值:60 分

3) 考核时间:45 min

4) 考核形式:实操

5) 设备设施准备:

序号	名称	规格	单位	数量	备注
1	仪用工具包		套	1	
2	标准仪器		套	1	

(2)考生准备:

无

2. 考核要求:

(1) 本题分值:60 分

(2) 考核时间:30 min

(3) 考核形式:实操

(4) 具体考核要求:掌握压力开关的校验

(5) 否定项说明

3. 配分与评分标准：

序号	考核内容	考核要点	配分	评分标准	扣分	得分
1	确认工作对象	根据标定单确认设备	5	根据标定单确认设备，未自检，扣3分；未互检，扣2分		
2	检查确认标准仪器	1. 确认标准仪器的量程和有效期 2. 检查标准压力源的气密性 3. 确认标准仪器的供电充足	10	1. 未确认标准仪器的量程合适，扣2分 2. 未确认标准仪器在有效期内，扣4分 3. 未确认标准压力源无泄漏，扣2分 4. 未确认标准仪器供电充足，扣2分		
3	连接压力开关校验回路	1. 压力开关校验前的接点状态 2. 连接压力回路 3. 微动开关的验证	10	1. 未对压力开关校验前的接点状态确认并记录，扣4分 2. 未确认压力开关回路连接正确，无泄漏，扣4分 3. 未确认微动开关通断正确，扣2分		
4	对压力开关进行校验	按标定单对压力开关进行标定	10	1. 标定单漏点，每点扣1分 2. 校验操作不正确，扣2分，标定结果不合格；扣3分 3. 仪表/工具使用不正确每项扣2分 4. 标定单填写不正确；扣1分		
5	拆除压力开关校验回路	1. 拆除压力回路 2. 压力开关恢复时的状态确认	10	1. 未卸压，拆除压力回路不规范；每点扣3分 2. 当拆除压力校验回路时需要确认触点恢复到校验前的状态，未确认，扣4分		
6	检查清洁压力开关	1. 清洁压力开关内外壳 2. 检查电缆接头、接线端子 3. 检查表盖密封垫	10	1. 校验完成后压力内外壳未清洁；扣2分 2. 未确认电缆头、接线端子紧固，每项扣3分 3. 未确认密封垫完好，扣2分		
7	确认工作完成，清理工作现场	工完料净	5	未工完料净，扣5分		
否定项：无						
总分：						

评分人：　　年　月　日　　　　　　　　核分人：　　年　月　日

第九部分　使用便携式高压反冲洗装置

第一章　操作准备

1.1　高压泵(气驱液体增压泵)的工作原理

Sprague Products 气驱液体增压泵(见图 1-1)是一种柱塞式容积泵,将气体压力转换成液体压力。即利用大面积活塞端的低气压产生小面积活塞端的高液压。

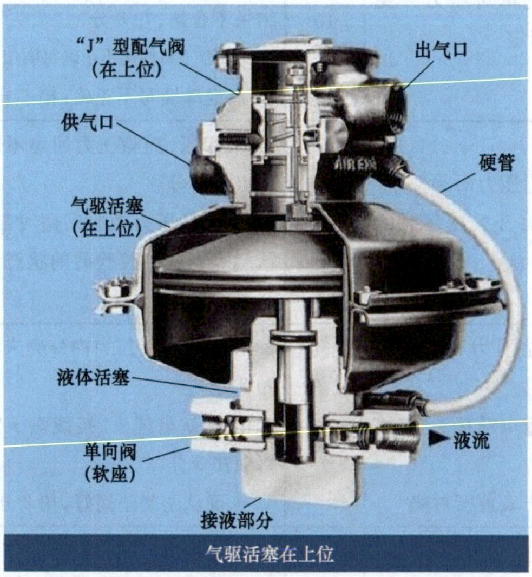

图 1-1　高压泵(气驱液体增压泵)的结构图

当驱动活塞向上运行时,将液体吸入泵内,此时入口处的单向阀打开,出口单向阀关闭。当活塞向下运行时,在液体一侧会形成一定压力,压力会将入口处单向阀关闭,出口处单向阀打开。

气动液压泵能够实现自动循环。当出口压力升高时,气动液压泵会减速运行,并对差动活塞产生一定阻力,当力平衡时,气动液压泵自动停止运行。当出口压力降低或气体驱动压力增加时,气动液压泵会自动启动运行。

1.1.1　高压泵(气驱液体增压泵)的优点

1. Sprague Products 气驱液体增压泵的液体输出压力可高达 3 000 psi(约 21 MPa),工

作介质可为水、油及大部分化学腐蚀性液体，而且轻便可靠，易于维护，坚固耐用。

2. 以压缩空气为动力源，不需使用电源。
3. 通过调节气源压力，可保持在任何预定压力下，压力线性输出，容易人工控制。
4. 能够实现自动循环。

1.1.2 P200系列高压反冲洗装置的主要部件及功能

见图1-2。

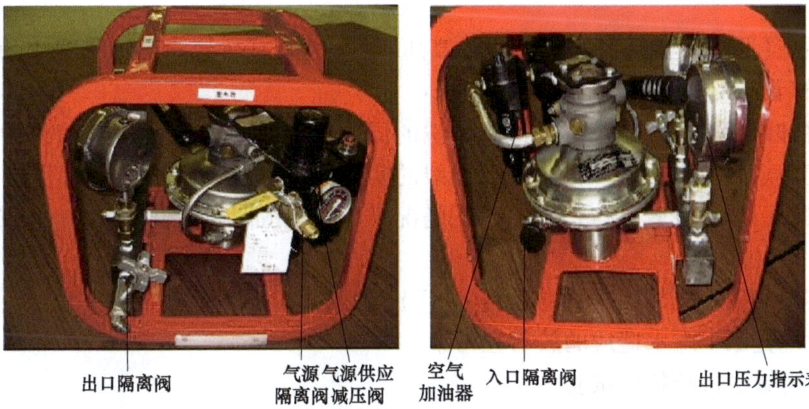

图1-2 P200系列高压反冲洗装置实体图

1. 泵的类型：Sprague Products气驱液体增压泵，MODEL：S-216-J-300。
2. 泵的输出压力：最大压力3 000 psi。
3. 气源压力调节阀：控制气压最大出口压力150 psi，可调节范围0～100 psi。
4. 气源隔离阀：控制压缩空气的投入与隔离。
5. 泵入口隔离阀：控制泵入口液体的投入与隔离。
6. 泵出口隔离阀：控制泵出口高压液体的投入与隔离。
7. 出口压力指示表：3 000 psi，精度：0.5级。
8. 各接口连接尺寸：3/8 in(英寸)NPT内螺纹。
9. 注意：泵的出口最大压力不能超过3 000 psi。

1.1.3 便携式高压反冲洗装置在核电厂的应用

略。

1.1.4 便携式高压反冲洗装置在核电厂应用的原因

在有液体的测量仪表的脉冲管线中，必须保证整个管线中完全充满液体，若管线中存在气泡或杂质都将对仪表的测量产生影响。常规电厂采用疏水的方法，在打开仪表的疏水阀排水时，滞留在系统管线内的杂质或气泡会随着液体的流动而进入仪表的引压管线。通常测量仪表的隔离阀(包括三阀组/五阀组)的通径只有1/16英寸，管线内的杂质非常容易造成隔离阀的堵塞；引压管线中存在气泡将会造成测量仪表信号的波动。如果由于信号的波动或丧失都会对机组的安全稳定运行带来潜在的风险。

综合上述原因,在调试初期及以后的电站运行期间,采用便携式高压反冲洗装置对测量仪表的脉冲管线进行反冲装,有效的清除了仪表脉冲管线中的气泡或杂质,保证了仪表脉冲管线的正常工作。

1.1.5 便携式高压反冲洗装置在核电厂的应用

便携式高压反冲洗装置的使用,是通过从测量仪表的疏水阀后接入便携式高压反冲洗装置,将与系统相同的液体经疏水阀→仪表腔室→隔离阀→引压管线→被测量系统(设备)。它的功能有:

1. 在系统(设备)运行时,进行在线的高压反冲洗,可有效清除引压管线中的杂质或气泡,实现系统(设备)运行工况下的故障排除。

2. 通过加装标准压力计,在进行反冲洗的同时可精确测量仪表引压管线的实际标高(如稳压器/蒸气发生器的正/负压侧引压管线的实际标高)。

3. 在仪表引压管线较长(或较密集)的情况下,通过反冲加温的热水来确认仪表管线的正确性。

4. 可实现仪表管线重水装量的控制(三厂)。

5. 有效地克服了疏水造成的放射性污染。

6. 可以对管线进行打压试验。

1.1.6 便携式高压反冲洗装置(P200 便携式)的操作方法及注意事项

略。

1.1.7 连接 P200 便携式高压反冲洗装置

1. 连接气源(见图 1-3):关闭反冲装置上的气源隔离阀,向上拔起气源压力调节阀的调节旋钮且反时针旋转到底;将气源管线连接到气源隔离阀入口处,确认连接紧固无泄漏。

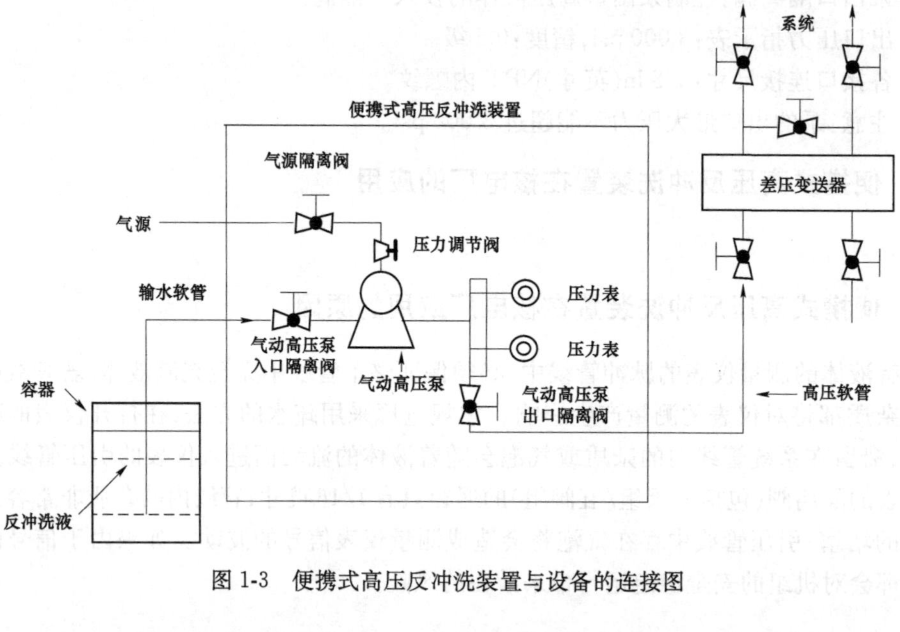

图 1-3 便携式高压反冲洗装置与设备的连接图

2. 连接反冲接口(见图1-3):关闭泵入口/出口隔离阀,将插入盛有反冲液(注意:必须先确认反冲液介质与系统的介质相同)容器底部的管线(防止管线吸空)地另一端接入泵入口隔离阀前;根据所反冲系统(设备)的压力,选择相应的高压/低压管线(注意:当系统压力超过1 MPa时,需使用耐高压软管),将其连接到泵入口/出口隔离阀后;确认连接紧固。见图1-4。

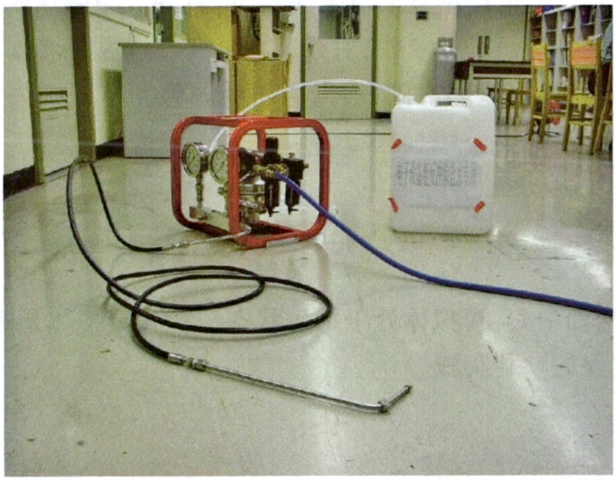

图1-4　P200便携式高压反冲洗装置连接实体图

1.1.8　调整P200系列便携式高压反冲洗装置

1. 检查空气加油器的油位不低于加油器上的红色标记(注意:如低于红色标记需要加油)。

2. 将泵入口/出口压力管完全放入盛有反冲液的容器内。

3. 打开泵入口隔离阀,打开气源隔离阀,顺时针缓慢调节气源压力调节阀的开度,确认压力已经建立,缓慢打开泵出口隔离阀,确认泵工作正常(注意:应保持泵的工作频率在1次/秒左右,如过快则需逆时针调小压力调节阀的开度)。

4. 观察泵入口、出口管线内液体的情况,确认管线内存在的空气已经全部排空,检查各接头处无渗漏现象,关闭泵出口隔离阀。

1.1.9　对仪表及管线进行反冲

1. 将出口管线与需要反冲的仪表管线连接。

2. 根据所反冲系统的压力,调节气动高压泵的气源压力调节阀并观察泵的出口压力表压力指示,直到压力表指示压力大于系统压力。

3. 依次打开仪表的疏水隔离阀→入口隔离阀,确认高压泵开始工作;顺时针缓慢调节气源压力调节阀的开度,保持泵的工作频率在1次/秒左右;按下气源压力调节阀的旋钮锁定压力调节阀状态。

1.1.10　停运(退出)P200系列便携式高压反冲洗装置

1. 确认反冲工作已经完成。

2. 关闭气源隔离阀,确认泵已经停止工作,关闭泵出口隔离阀,依次工艺系统侧的仪表隔离阀→疏水隔离阀。

3. 断开泵出口管线与系统的连接(注意:高压情况应注意液体的溢出与回收),将出口管线放入盛有反冲液的容器内。

4. 向上拔起调节阀旋钮,缓慢逆时针调节到阀关闭的位置。

5. 从盛有反冲液的容器内拔出泵入口管线对空,打开气源隔离阀、顺时针略开调节阀,打开泵出口隔离阀,确认高压泵开始工作,对残留在泵及管线内的液体进行排空。

6. 关闭气源隔离阀、泵出口隔离阀,缓慢逆时针调整调节阀到关闭位置,并按下锁定;依次拆除各连接管线,清洁现场。

1.2 模拟体准备

模拟体位于技能培训中心,模拟体处于可用状态。检查模拟体是否有损坏,核实可否正常动作,以确保教学过程的顺利实施。

1.3 辐射防护准备

模拟体位于技能培训中心,模拟体无辐射风险。

1.4 工业安全准备

按照工业安全规定执行,所有人员穿戴劳动保护用品。具体的工业安全准备需根据现场环境而确定,但基本的工业安全需要准备。所有人员必须佩戴安全帽、防砸鞋、工作服、手套等。检修场地使用警示带进行围栏,确保工作过程中无非工作人员进入。

1.5 配合人员准备

需仪控人员配合教员。

1.6 场地准备

清理场地,确保检修场地无其他异物;合理分配场地,确保工具、设备的合理分布,方便检修;在场地外围布置警示带。

第二章　操作实施

2.1　操作内容：用便携式高压反冲洗装置对压力变送器反冲

1. 维修工前会记录表(示例)

见表 2-1。

表 2-1　维修工前会记录表

<table>
<tr><td colspan="4">工作内容：</td><td>工单号：</td></tr>
<tr><td colspan="2">电厂：</td><td>机组：</td><td>系统：</td><td>工作地点：</td></tr>
<tr><td colspan="3">设备编码：</td><td colspan="2">工作负责人/项目负责人：</td></tr>
<tr><td colspan="5">一、工作负责人/项目负责人会前需要确认的事项：</td></tr>
<tr><td rowspan="4"></td><td>□维修工作包完整齐全</td><td>□工具和备品备件齐全</td><td colspan="2">□风险分析全面</td></tr>
<tr><td>□安全措施正确完备并已落实到位</td><td>□隔离边界明确</td><td colspan="2">□工作票证齐全</td></tr>
<tr><td>□工作组成员精神状态良好</td><td colspan="3">□个人防护用品和安全用具齐全</td></tr>
<tr><td colspan="4">□水、电、气、汽源情况检查，确认工作期间对这些源的使用便利性和安全性</td></tr>
<tr><td colspan="5">二、工作负责人/项目负责人向工作组成员交代以下事项：</td></tr>
<tr><td rowspan="3"></td><td colspan="4">□工作目的、工作对象、工作范围、工作地点</td></tr>
<tr><td colspan="4">□工作组成员分工</td></tr>
<tr><td colspan="4">□工作风险分析及预防性措施</td></tr>
<tr><td colspan="5">三、工作负责人/项目负责人与工作组成员讨论并记录以下事项：</td></tr>
<tr><td rowspan="3"></td><td colspan="4">程序关键步骤、高风险步骤提示及预防性措施：</td></tr>
<tr><td colspan="4">以往同类工作经验反馈：</td></tr>
<tr><td colspan="4">其他事项：</td></tr>
<tr><td colspan="5">声明：
本人已参加此次工前会，已清楚工前会的内容及要求，并保证在工作实施过程中严格遵守和执行。
工作组成员签名/日期：</td></tr>
</table>

说明：

1. 工作负责人/项目负责人负责组织并主持召开工前会并记录。
2. 开工前工前会记录表必须填写完成，未完成填写或现场无工前会记录表不准开工。
3. 工作组全体成员在了解工前会全部内容和要求，并同意工前会声明后签字。
4. 工前会记录表中确认项目涉及就打“√”，没有涉及打“×”。
5. 工前会中讨论记录事项空间不足可在背面记录，没有涉及请填写“无”。

2. 实际操作

见表 2-2。

表 2-2 实际操作步骤及要求

序号	操作步骤	操作要求	工器具	测评标准	备注
1	确认工作对象	自检/互检确认工作对象(压力变送器)		自检/互检确认	
2	连接 P200 便携式高压反冲洗装置	1. 连接气源 2. 连接反冲接口	英制扳手一套、3/8 英寸仪表管、检漏液	1. 关闭反冲装置上的气源隔离阀,向上拔起气源压力调节阀的调节旋钮且反时针旋转到底;将气源管线连接到气源隔离阀入口处,确认连接紧固无泄漏 2. 关闭泵入口/出口隔离阀,将插入盛有反冲液容器底部的管线地另一端接入泵入口隔离阀前;根据所反冲系统(设备)的压力,选择相应的高压/低压管线,将其连接到泵入口/出口隔离阀后;确认连接紧固	
3	调整 P200 系列便携式高压反冲洗装置	调整 P200 系列便携式高压反冲洗装置	英制扳手一套、3/8 英寸仪表管、检漏液	1. 检查空气加油器的油位不低于加油器上的红色标记 2. 将泵入口/出口压力管完全放入盛有反冲液的容器内 3. 打开泵入口隔离阀,打开气源隔离阀,顺时针缓慢调节气源压力调节阀的开度,确认压力已经建立,缓慢打开泵出口隔离阀,确认泵工作正常,保持泵的工作频率在 1 次/秒左右,如过快则需逆时针调小压力调节阀的开度 4. 观察泵入口、出口管线内液体的情况,确认管线内存在的空气已经全部排空,检查各接头处无渗漏现象,关闭泵出口隔离阀	
4	对仪表及管线进行反冲	对仪表及管线进行反冲	英制扳手一套、3/8 英寸仪表管、检漏液	1. 将出口管线与需要反冲的仪表管线连接 2. 根据所反冲系统的压力,调节气动高压泵的气源压力调节阀并观察泵的出口压力表压力指示,直到压力表指示压力大于系统压力 3. 依次打开仪表的疏水隔离阀→入口隔离阀,确认高压泵开始工作;顺时针缓慢调节气源压力调节阀的开度,保持泵的工作频率在 1 次/秒左右;按下气源压力调节阀的旋钮锁定压力调节阀状态	

续表

序号	操作步骤	操作要求	工器具	测评标准	备注
5	退出 P200 系列便携式高压反冲洗装置	退出 P200 系列便携式高压反冲洗装置	英制扳手一套、3/8 英寸仪表管、检漏液	1. 确认反冲工作已经完成 2. 关闭气源隔离阀，确认泵已经停止工作，关闭泵出口隔离阀，依次关闭工艺系统侧的仪表隔离阀→疏水隔离阀 3. 断开泵出口管线与系统的连接，将出口管线放入盛有反冲液的容器内 4. 向上拔起调节阀旋钮，缓慢逆时针调节到阀关闭的位置 5. 从盛有反冲液的容器内拔出泵入口管线对空，打开气源隔离阀、顺时针略开调节阀，打开泵出口隔离阀，确认高压泵开始工作，对残留在泵及管线内的液体进行排空 6. 关闭气源隔离阀/泵出口隔离阀，缓慢逆时针调整调节阀到关闭位置，并按下锁定；依次拆除各连接管线	
6	确认工作完成，清理工作现场	工完料净		模拟实施	

2.2　关键点

在使用便携式高压反冲洗装置对压力变送器反冲过程中，为了保证工作顺利进行，必须注意如下的关键点：

1. 必须先确认反冲液介质与系统的介质相同。
2. 气动高压泵的空气加油器保证有足够的油位，不然会损坏气动高压泵。
3. 便携式高压反冲洗装置的出口压力较高，在拆卸管线时注意缓慢泄压。
4. 便携式高压反冲洗装置完成使用后，必须泄压和排空，以免造成损坏。
5. 反冲过程中气动高压泵动作不能过快，不然容易造成设备损坏。

第三章 故障检查和处理

3.1 常见故障现象、判断方法、原因分析和故障排除方法

见表 3-1。

表 3-1 常见故障现象、判断方法、原因分析和故障排除方法

序号	故障现象	故障原因分析	故障排除方法
1	高压泵不工作	1. 检查气站隔离阀是否打开 2. 检查泵进出口隔离阀是否打开 3. 检查泵出口压力是否大于系统压力	1. 确认气站隔离阀打开 2. 确认泵进出口隔离阀是否打开 3. 确认泵出口压力是否大于系统压力
2	高压泵反冲迟缓或调解气源压力调节阀仍无法升压	1. 检查空气加油器的油位 2. 检查高压泵的膜片是否破损	1. 添加机油，确保空气加油器的油位在红色标记以上 2. 更换高压泵的膜片

第四章 操作结束

4.1 工后会

工后会是对整个工作的过程的回顾以及必要的经验反馈，见表 4-1。

表 4-1 维修工后会记录表（示例）

工作内容：				工单号：
电厂：		机组：	工作负责人/项目负责人：	
计划完工时间：			实际完工时间：	
序号		检查项目	检查结果	异常情况记录
一工作回顾	1	工作许可证已归还	□是 □否	
	2	检修现场清理完成	□是 □否	
	3	设备标牌清晰无损伤	□是 □否	
	4	检修任务达到预期结果	□是 □否	
	5	试验设备和工器具已归还	□是 □否	
二经验反馈	6	工期安排合理	□是 □否	
	7	工作人员配置充足	□是 □否	
	8	工作文件准备充分	□是 □否	
	9	工作人员的检修技能满足要求	□是 □否	
	10	规程、图纸需要升版	□是 □否	
	11	库存备件需要补充	□是 □否	
	12	更换下来的旧部件需要利旧翻新维修	□是 □否	
	13	检修过程中出现预期外的现象和报警	□是 □否	
	14	提出缺陷单、QDR、状态报告等	□有 □无	
	15	编写良好实践、经验反馈	□有 □无	
	16	工作中需要协调、改进建议等	□有 □无	
三其他事项	17			
工作组成员签名/日期：				

说明：

1. 工作负责人/项目负责人负责组织工后总结并记录。
2. 工后总结记录表中每一项都必须打“√”确认，不要遗漏。
3. 如有异常，请详细填写异常情况说明，以及后续处理方案。
4. 其他事项根据讨论情况记录，经讨论没有涉及请填写“无”。
5. 工后总结结束后，全体工作人员签字确认。

4.2 评判

学员对使用便携式高压反冲洗装置对压力变送器反冲过程进行阐述，并说明其中的关键点以及注意事项。教员对学员的陈述简要记录，根据阐述评判学员的掌握情况。教员指出学员阐述过程中的错误以及需要注意的事项，并且依据评判表，对学员的学习情况做出整体评判。

第五章　经验反馈

举例说明

便携式高压反冲洗装置使用频率较高,导致高压泵膜片破损。

原因分析:在某厂调试/运行初期,由于便携式高压反冲洗装置使用频率较高,导致高压泵膜片破损;通过原因查找分析发现:

1. 如果高压泵的工作频率较快,会导致高压泵膜片破损;

2. 如果空气加油器的油位不足(低于加油器上的红色标记),导致反冲缓慢从而调快高压泵的工作频率,也同样导致高压泵膜片的破损。

改进方法:

在便携式高压反冲洗装置操作规范中规定:

1. 在操作开始前,检查空气加油器的油位不低于加油器上的红色标记;

2. 在高压反冲过程中,应保持高压泵的工作频率在1次/秒左右。

第六章 习 题

6.1 填空题(每题 4 分)

1. 气驱液体增压泵是一种柱塞式容积泵。

2. 在使用便携式高压反冲洗装置对变送器反冲前,必须先确认反冲液介质与系统的介质相同。

3. 气动高压泵的空气加油器保证有足够的油位,不然会损坏气动高压泵。

4. 反冲过程中气动高压泵动作不能过快,泵的工作频率应保持在 1 次/秒左右。

5. 在使用便携式高压反冲洗装置时,当系统压力超过 1 MPa 时,泵出口管线需使用耐高压软管。

6. 气动高压泵完成使用后,必须进行泄压和排空,以免造成损坏。

7. 对仪表及管线进行反冲时,应根据所反冲系统的压力,调节气动高压泵的出口压力,使其大于系统压力。

8. 当气动高压泵的出口压力较高时,在拆卸管线时应注意缓慢泄压。

6.2 简答题(每题 4 分)

1. 简述高压泵(气驱液体增压泵)的优点。

(1) 气驱液体增压泵的液体输出压力可高达 3 000 psi(约 21 MPa),工作介质可为水、油及大部分化学腐蚀性液体,而且轻便可靠,易于维护,坚固耐用。

(2) 以压缩空气为动力源,不需使用电源。

(3) 通过调节气源压力,可保持在任何预定压力下,压力线性输出,容易人工控制。

(4) 能够实现自动循环。

2. 便携式高压反冲洗装置的功能有哪些?

(1) 在系统(设备)运行时,进行在线的高压反冲洗,可有效清除引压管线中的杂质或气泡,实现系统(设备)运行工况下的故障排除。

(2) 通过加装标准压力计,在进行反冲洗的同时可精确测量仪表引压管线的实际标高(如稳压器/蒸汽发生器的正/负压侧引压管线的实际标高)。

(3) 在仪表引压管线较长(或较密集)的情况下,通过反冲加温的热水来确认仪表管线的正确性。

(4) 可实现仪表管线重水装量的控制(某厂)。

(5) 有效地克服了疏水造成的放射性污染。

(6) 可以对管线进行打压试验。

第十部分　电容式液位(差压)变送器的拆装和校验

第一章　操作准备

1.1　差压式液位检测仪表的工作原理

1.1.1　液位检测仪表的工作原理

1. 通过检测液体产生的压力来检测液位的仪表称为压力式液位检测仪表,其公式为:

$$P=\rho gH \text{ 或 } P=S\cdot H$$

式中:P——压力(Pa);

ρ——液体密度(kg/m^3);

S——液体的重度(kg/m^3);

g——重力加速度(9.81 m/s);

H——液位(m)。

2. 通过检测压差来检测液位的仪表称为差压液位检测仪表。差压式压力变送器是最常见的容器压力的检测装置,当差压式变送器用于检测液位时,被称为液位变送器。

1.1.2　敞口容器的液位检测

图 1-1 给出了典型的敞口容器液位检测的安装图。如果容器敞口,液位变送器的高压端与容器底面连接,低压端与大气连通,其功能为一个差压变送器,其差压为:

$$P_{high}=P_{atm}+S\cdot H$$

$$P_{low}=P_{atm}$$

$$\Delta P=P_{high}-P_{low}=S\cdot H$$

式中:P_{high}——高压(Pa);

P_{low}——低压(Pa);

ΔP——差压(Pa);

S——重度($kg\cdot N/m^3$);

H——高度(m)。

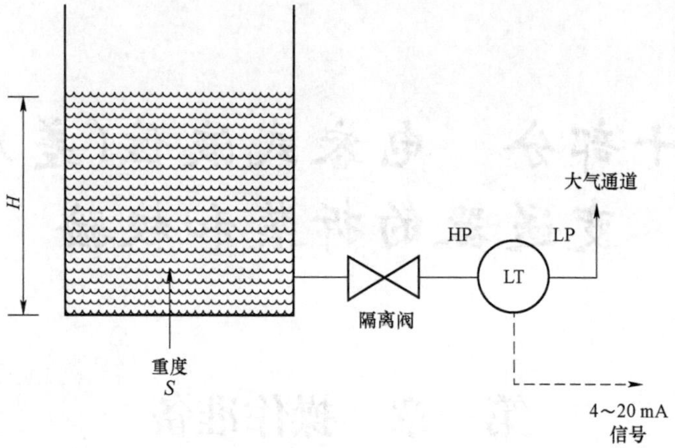

图 1-1 敞口容器液位测量装置

1.1.3 密封容器的液位检测

如图 1-2 所示，密封容器中气相的压力必须补偿掉，气相压力所占的份额非常大，气相压力补偿可以通过把气体压力与变送器的高、低压端同时连接的办法来实现。当低压管线直接与容器中的气相连接时，这条管线被称为“干脚”，其差压为：

$$P_{high} = P_{gas} + S \cdot H$$

$$P_{low} = P_{gas}$$

$$\Delta P = P_{high} - P_{low} = S \cdot H$$

式中：P_{high}——高压(Pa)；

P_{gas}——气压(Pa)；

P_{low}——低压(Pa)；

ΔP——差压(Pa)；

S——重度(kg · N/m^3)；

H——液位(m)。

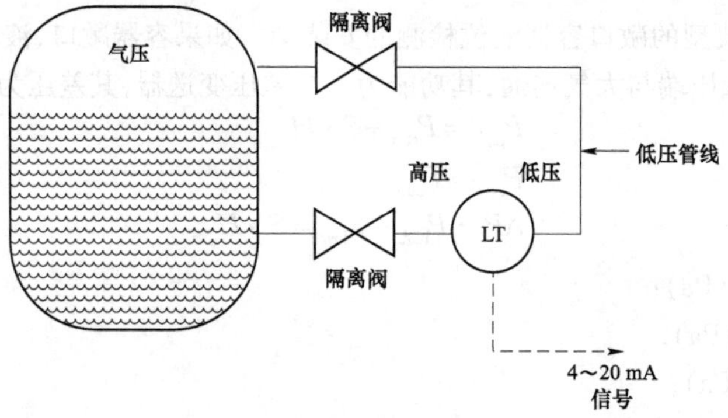

图 1-2 密封容器液位测量装置

1.1.4　"湿脚"系统

在实际中,核电厂大多数密封容器的液位检测装置都用"湿脚"。图 1-3 给出了"湿脚"系统结构图。在低压管线内充满液体且顶端有一个收集容器,气相可以在收集容器中凝结,该收集容器保持一个固定的水力压头,这个压力由于是固定的,所以通过迁移标定而轻易补偿掉。

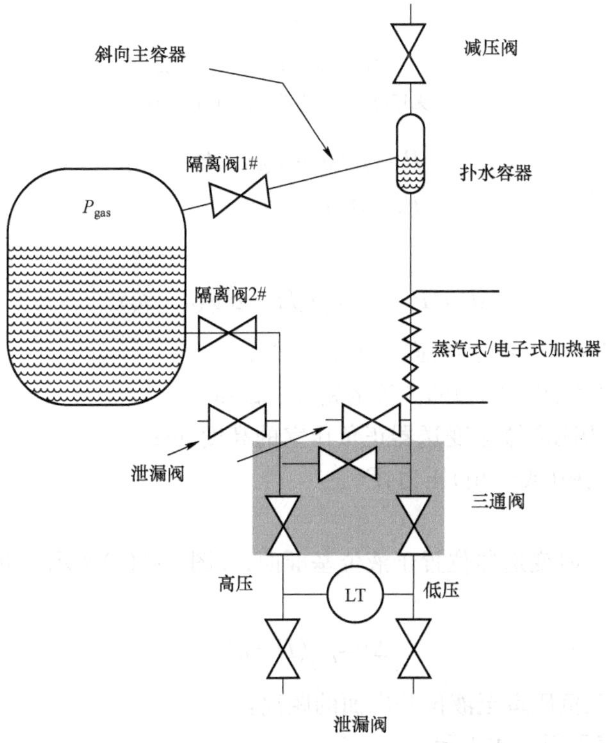

图 1-3　湿脚装置

1.1.5　液位变送器的零点迁移

1. 在核电厂利用差压变送器进行液位检测时,根据不同的场合和使用条件,存在无迁移、负迁移和正迁移三种情况,如图 1-4 所示。

1) 无迁移

如图 1-4(a)所示,差压变送器正、负压室分别与容器下部(液面基准面)和上部(气相压力或气相压力)取压点相连通。设被测液体密度为 ρ,变送器正负压室差压为ΔP,液位高度为 H,则有$\Delta P=\rho gH$。差压与液位高度成比例变化。我们称这情况为"无迁移"。

2) 负迁移

如图 1-4(b)所示,为防止被测介质堵塞或腐蚀异压管,以及保持负压室的液柱高度恒定,在变送器正、负室与取压点之间分别装有隔离罐,并充以隔离液,此时正负压室的压力分别为:

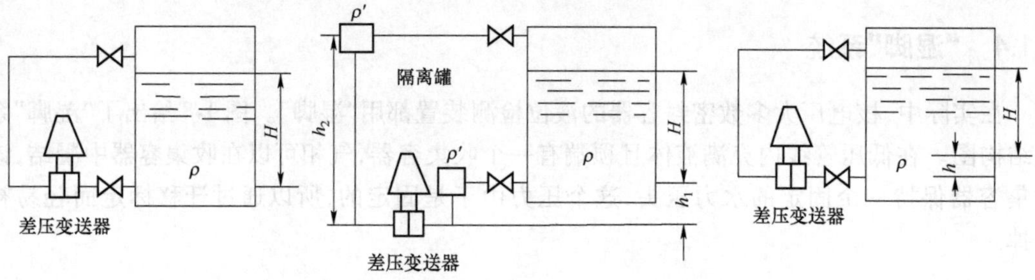

图 1-4 差压变送器检测液位原理图

(a) 无迁移；(b) 负迁移；(c) 正迁移

$$P_1 = \rho' h g_1 + \rho g h + P_g$$
$$P_2 = \rho' h g_2 + \rho_g$$

正负压室的压差为：

$$\Delta P = P_1 - P_2 = \rho g H - \rho' g (h_2 - h_1)$$

式中：P_1、P_2——分别为变送器正负压室的压力，Pa；

ρ、ρ'——分别为被测液体和隔离液的密度，kg/m^3。

h_1、h_2——分别为隔离罐至变送器正负压室的高度，m；

P_g——容器中气相(或气相)压力，Pa。

3) 正迁移

在实际应用中，有时变送器位置于液位基准面，如图 1-4(c)所示。此时作用在变送器正负压室的差压为：

$$\Delta P = \rho g (H + h)$$

式中：h——变送器正、负压室至液位基准面的距离。

迁移量的相对值可用下式表示。

$$d = \frac{\text{迁移量}}{\text{测量范围}} \times 100\%$$

迁移只是同时改变量程的上下限，而不是改变量程。应该注意：仪表改变迁移量之后的量程上限值不能大于仪表测量范围上限值。

1.2 电容式液位(差压)变送器的隔离阀使用

液位(差压)变送器实际运用中常用三通阀(见图 1-5)来保证压力元件不会过载，同时使变送器与过程回路隔离，其结构如图所示，在正常(投运)情况下，平衡阀关闭，两个主阀开启；当变送器与系统回路连接或断开时，平衡阀也会开启或关阀，以保证差压元件不会单面受到压力。

1. 液位(差压)变送器由三通阀切断(隔离)的操作顺序为：

(1) 两名工作人员确认工作对象。

(2) 缓慢关闭低压侧主阀。

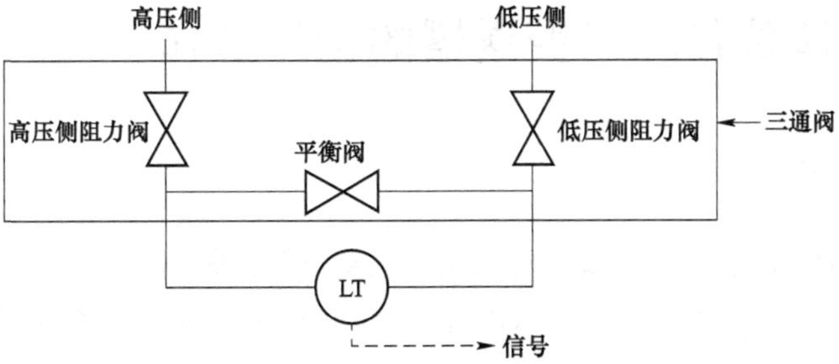

图 1-5 三通阀组

(3) 打开平衡阀,保证变送器两端面受压相等,使差压为零。

(4) 关闭高压侧主阀。

(5) 关闭平衡阀,锁定变送器两面的压力。

(6) 确认液位(差压)变送器已切断(隔离)。

2. 液位(差压)变送器由三通阀投运的操作顺序为:

(1) 两名工作人员确认工作对象。

(2) 检查所有的阀门是否关闭。

(3) 打开平衡阀,保证变送器两端面受压相等,使差压为零。

(4) 缓慢打开高压侧主阀,检查变送器两端面压力是否有泄漏。

(5) 关闭平衡阀,锁定变送器两面的压力。

(6) 打开低压侧主阀,形成压差,进入工作状态,从而使变送器投运。

(7) 确认液位(差压)变送器已投运。

1.3 电容式液位(差压)变送器的安装要求

1. 腐蚀性的或过热的介质不应与变送器接触。

2. 防止渣子在引压管内沉淀。

3. 两引压管里的液压头应保持平衡(流量测量)。

4. 引压管应尽可能短些。

5. 引压管应装在温度梯度和温度波动小的地方。

6. 测量液体流量:取压口应开在流程管道的侧面,以避免渣子沉淀。变送器应装在侧面或取压口的下方,以便气体排入系统管道。

7. 测量气体流量:取压口应开在流程管道的顶部或侧面,而变送器应装在取压口的下方,以便液体排入系统管道。

8. 测量蒸气流量:取压口应开在系统管道的顶部或侧面,而变送器则装在取压口的下方,以便冷凝液流入引压管。

9. 变送器引压管的敷设应有 1:10～1:100 的坡度,其坡度方向要保证既能排出不凝气体,又能排出蒸汽冷凝液。

1.4 电容式液位(差压)变送器的常见操作

1.4.1 变送器的拆除

1. 差压变送器的拆除首先应该注意系统的隔离,确保关闭隔离阀。

2. 对于高温/高压的介质应该确认内部介质温度,对于高压的介质可以通过排放阀进行卸压,对于重水介质应该做好防护措施和重水的回收。

3. 使用专用的工具进行拆除,不能使用活扳手等不许可的工具,在拆除时应该使用两把扳手,避免使用一把扳手造成接头所受应力不同损坏接头的问题。

4. 变送器电气接头拆除后应该采用绝缘胶带等进行包扎,避免造成短路和接地的现象。

1.4.2 变送器的回装

为了保证变送器的测量准确性,可有如下操作:

1. 对于测量液体/蒸汽压力的变送器,应该在回装前把变送器的腔室注满水,防止有气体空间或对变送器的脉冲管和变送器传感室进行反冲。

2. 对于测量气体压力的变送器应该进行变送器的吹扫,保证变送器腔室内没有残留的液体。

1.4.3 变送器的反冲

在变送器校验、检修和拆装后,对变送器的脉冲管和变送器传感室进行在线液体反冲装,使其能投入正常运行。

1. 首先确认系统介质是轻水或重水,并做好溢出重水的收集工作。

2. 在系统有压力的情况下,应预先把泵的出口压力调整至略高于系统压力后,再打开反冲高压泵的出口阀进行反冲装。

3. 对于有试验管线的变送器对试验侧管线也要进行反冲。

1.5 电容式液位(差压)变送器现场检查的要点

注意:现场设备的检查前,必须对工作对象进行确认!

1.5.1 检查变送器的压力腔室和相关阀组

1. 检查变送器的压力腔室本体以及与其相关的阀组连接处是否有泄漏。

2. 检查连接变送器的相关阀组状态(在正常设备投运的状态下):高/低压侧的系统压力入口隔离阀全开;平衡阀关闭;高/低压侧的泄压隔离阀关闭。

1.5.2 检查变送器的电气回路

1. 检查变送器输出端电压是否在变送器允许的工作电压范围内(注意:若用万用表的

电流挡测量电压将会造成变送器输出短路,使供电电源和万用表损坏)。

2. 检查变送器输出电流是否当前的显示一致,若有偏差则需对电气回路进行检查,如检查变送器的绝缘等。

1.5.3　变送器的反冲洗

由于液体中存在的杂质可能导致仪表管线和隔离阀阀芯的堵塞,因此,需要对变送器的仪表管线(脉冲管)和变送器压力腔室进行在线液体反冲洗(注意:应预先把高压反冲泵的出口压力调整至略高于系统压力后,再打开高压反冲泵的出口阀进行反冲洗),确保管线畅通。

1.5.4　液位(差压)变送器的现场校验

1. 关闭高/低压侧的系统压力入口隔离阀,打开平衡阀,打开高/低压侧的泄压隔离阀;用仪用压空对变送器的仪表管线(脉冲管)和变送器压力腔室进行吹扫,收集排出的残液,将变送器腔室及管线吹扫干净。

2. 关闭平衡阀,低压侧的泄压隔离阀对空;将标准压力源接入高侧的泄压隔离阀进行校验。

1.6　模拟体准备

模拟体位于技能培训中心,模拟体处于可用状态。检查模拟体是否有损坏,核实可否正常动作,以确保教学过程的顺利实施。

1.7　辐射防护准备

模拟体位于技能培训中心,模拟体无辐射风险。

1.8　工业安全准备

按照工业安全规定执行,所有人员穿戴劳动保护用品。具体的工业安全准备需根据现场环境而确定,但基本的工业安全需要准备。所有人员必须佩戴安全帽、防砸鞋、工作服、手套等。检修场地使用警示带进行围栏,确保工作过程中无非工作人员进入。

1.9　配合人员准备

需仪控人员配合教员。

1.10　场地准备

清理场地,确保检修场地无其他异物;合理分配场地,确保工具、设备的合理分布,方便检修;在场地外围布置警示带。

第二章　操作实施

2.1　操作内容：电容式液位(差压)变送器的现场检查

1. 维修工前会记录表(示例)，见表 2-1。

表 2-1　维修工前会记录表

<table>
<tr><td colspan="3">工作内容：</td><td>工单号：</td></tr>
<tr><td>电厂：</td><td>机组：</td><td>系统：</td><td>工作地点：</td></tr>
<tr><td colspan="2">设备编码：</td><td colspan="2">工作负责人/项目负责人：</td></tr>
<tr><td colspan="4">一、工作负责人/项目负责人会前需要确认的事项：</td></tr>
<tr><td></td><td>□维修工作包完整齐全</td><td>□工具和备品备件齐全</td><td>□风险分析全面</td></tr>
<tr><td></td><td>□安全措施正确完备并已落实到位</td><td>□隔离边界明确</td><td>□工作票证齐全</td></tr>
<tr><td></td><td>□工作组成员精神状态良好</td><td colspan="2">□个人防护用品和安全用具齐全</td></tr>
<tr><td></td><td colspan="3">□水、电、气、汽源情况检查，确认工作期间对这些源的使用便利性和安全性</td></tr>
<tr><td colspan="4">二、工作负责人/项目负责人向工作组成员交代以下事项：</td></tr>
<tr><td></td><td colspan="3">□工作目的、工作对象、工作范围、工作地点</td></tr>
<tr><td></td><td colspan="3">□工作组成员分工</td></tr>
<tr><td></td><td colspan="3">□工作风险分析及预防性措施</td></tr>
<tr><td colspan="4">三、工作负责人/项目负责人与工作组成员讨论并记录以下事项：</td></tr>
<tr><td></td><td colspan="3">□程序关键步骤、高风险步骤提示及预防性措施：</td></tr>
<tr><td></td><td colspan="3">□以往同类工作经验反馈：</td></tr>
<tr><td></td><td colspan="3">□其他事项：</td></tr>
<tr><td colspan="4">声明：
本人已参加此次工前会，已清楚工前会的内容及要求，并保证在工作实施过程中严格遵守和执行。
工作组成员签名/日期：</td></tr>
</table>

说明：

1. 工作负责人/项目负责人负责组织并主持召开工前会并记录。
2. 开工前工前会记录表必须填写完成，未完成填写或现场无工前会记录表不准开工。
3. 工作组全体成员在了解工前会全部内容和要求，并同意工前会声明后签字。
4. 工前会记录表中确认项目涉及就打“√”，没有涉及打“×”。
5. 工前会中讨论记录事项空间不足可在背面记录，没有涉及请填写“无”。

2. 实际操作(见表 2-2)。

表 2-2 实际操作步骤和要求

序号	操作步骤	操作要求	工器具	测评标准	备注
1	确认工作对象	根据工单单确认设备		自检/互检确认	
2	检查变送器的压力腔室和相关阀组	1. 检查变送器/阀组连接处是否有泄漏 2. 检查变送器/阀组的状态	仪用工具包	1. 确认变送器/阀组连接处无泄漏 2. 确认变送器/阀组的状态正确 3. 阀组操作正确/规范	
3	检查变送器的电气回路	1. 测量变送器输出端电压 2. 测量变送器输出电流 3. 断电,测量变送器的绝缘	仪用工具包、万用表	1. 确认供电电压正常 2. 电流测量操作正确 3. 绝缘测量操作正确	
4	对液位(差压)变送器进行现场校验(校验过程模拟实施)	1. 隔离变送器,打开平衡阀 2. 在一侧泄压阀入口接入仪用压空(保持微压),打开泄压阀进行吹扫	仪用工具包	1. 吹扫操作步骤正确 2. 变送器及管线干净 3. 收集残液	
5	对液位(差压)变送器进行反冲洗	变送器进行反冲洗	仪用工具包、反冲泵	1. 确认充装液体与系统一致 2. 保持反冲泵压力且缓慢冲装 3. 阀组操作步序正确 4. 确认充装量合适	
6	检查/投运变送器,确认液位显示正确	1. 投运变送器,检查无泄漏 2. 确认液位显示正确	仪用工具包	1. 投运步序正确,确认无泄漏 2. 液位显示与现场一致	
7	确认工作完成,清理工作现场	工完料净		模拟实施	

2.2 关键点

在进行现场电容式液位(差压)变送器的检查过程中,为了保证工作顺利进行,必须注意如下的关键点:

1. 确认工作对象。
2. 确认液位变送器/阀组的状态及是否存在泄漏。
3. 确认液位变送器的工作电压及输出电流是否正常。
4. 现场校验时,应保证液位变送器及管线无残留液。
5. 确认充装液体与系统一致;进行反冲装时,反冲泵应保持一定的压力,缓慢冲装;确认冲装量合适。

第三章　故障检查和处理

3.1　常见故障现象、判断方法、原因分析和故障排除方法

见表3-1。

表3-1　常见故障现象、判断方法、原因分析和故障排除方法

序号	故障现象	判断方法	故障原因分析	故障排除方法
1	液位(差压)波动时,变送器反应滞后	1. 检查阀组状态 2. 反冲洗	1. 高/低压侧隔离阀开启太小 2. 隔离阀/管线堵塞	1. 全开高/低压侧隔离阀 2. 对变送器进行反冲洗
2	液位显示偏高	检查“湿脚”管线	1. “湿脚”管线,液体蒸发 2. “湿脚”管线隔离阀有泄漏	1. “湿脚”管线补水/反冲 2. 更换湿脚”管线隔离阀

第四章　操作结束

4.1　工后会

工后会是对整个工作的过程的回顾以及必要的经验反馈，见表 4-1。

表 4-1　维修工后会记录表（示例）

<table>
<tr><td colspan="4">工作内容：</td><td>工单号：</td></tr>
<tr><td colspan="2">电厂：</td><td>机组：</td><td colspan="2">工作负责人/项目负责人：</td></tr>
<tr><td colspan="3">计划完工时间：</td><td colspan="2">实际完工时间：</td></tr>
<tr><td colspan="2">序号</td><td>检查项目</td><td>检查结果</td><td>异常情况记录</td></tr>
<tr><td rowspan="5">一工作回顾</td><td>1</td><td>工作许可证已归还</td><td>□是　□否</td><td></td></tr>
<tr><td>2</td><td>检修现场清理完成</td><td>□是　□否</td><td></td></tr>
<tr><td>3</td><td>设备标牌清晰无损伤</td><td>□是　□否</td><td></td></tr>
<tr><td>4</td><td>检修任务达到预期结果</td><td>□是　□否</td><td></td></tr>
<tr><td>5</td><td>试验设备和工器具已归还</td><td>□是　□否</td><td></td></tr>
<tr><td rowspan="11">二经验反馈</td><td>6</td><td>工期安排合理</td><td>□是　□否</td><td></td></tr>
<tr><td>7</td><td>工作人员配置充足</td><td>□是　□否</td><td></td></tr>
<tr><td>8</td><td>工作文件准备充分</td><td>□是　□否</td><td></td></tr>
<tr><td>9</td><td>工作人员的检修技能满足要求</td><td>□是　□否</td><td></td></tr>
<tr><td>10</td><td>规程、图纸需要升版</td><td>□是　□否</td><td></td></tr>
<tr><td>11</td><td>库存备件需要补充</td><td>□是　□否</td><td></td></tr>
<tr><td>12</td><td>更换下来的旧部件需要利旧翻新维修</td><td>□是　□否</td><td></td></tr>
<tr><td>13</td><td>检修过程中出现预期外的现象和报警</td><td>□是　□否</td><td></td></tr>
<tr><td>14</td><td>提出缺陷单、QDR、状态报告等</td><td>□有　□无</td><td></td></tr>
<tr><td>15</td><td>编写良好实践、经验反馈</td><td>□有　□无</td><td></td></tr>
<tr><td>16</td><td>工作中需要协调、改进建议等</td><td>□有　□无</td><td></td></tr>
<tr><td>三其他事项</td><td>17</td><td></td><td></td><td></td></tr>
<tr><td colspan="5">工作组成员签名/日期：</td></tr>
</table>

说明：

1. 工作负责人/项目负责人负责组织工后总结并记录。
2. 工后总结记录表中每一项都必须打“√”确认，不要遗漏。
3. 如有异常，请详细填写异常情况说明，以及后续处理方案。
4. 其他事项根据讨论情况记录，经讨论没有涉及请填写“无”。
5. 工后总结结束后，全体工作人员签字确认。

4.2 评判

学员对电容式液位(差压)变送器的现场检查过程进行阐述,并说明其中的关键点以及注意事项。教员对学员的陈述简要记录,根据阐述评判学员的掌握情况。教员指出学员阐述过程中的错误以及需要注意的事项,并且依据评判表,对学员的学习情况作出整体评判。

第五章　经验反馈

举例说明：

主题 1：ROO7 房间 E 通道流量变送器 68234-FT-4E 与仪表管线连接处渗重水(CR20081723)：关键词：接头 重水 渗漏

1. 事件简述

ROO7 房间 E 通道流量变送器 68234-FT-4E 与仪表管线连接处渗水，运行立即关闭 68234-FT-4E-IV-H 隔离 68234-FT-4E，收集重水并联系辐射防护人员处理。

2. 原因分析及评价

4 月 23 号，执行过 E 通道现场设备标定，其中包含了 2-68234-FT-4E 标定，该设备标定结束之后，拧紧了相关管接头，并没有发现接头异常。

5 月 12 日现场检查发现变送器高压侧接头处有微量渗水，运行人员立即隔离变送器，并收集渗出的水渍。维修人员随后检查并紧固了该变送器的所有接头，发现该接头(标定变送器时拆卸过)比其他接头要松 1/4 圈，继续拧紧所有接头确保接头处不会再发生渗漏。设备重新投用之后，观察未见异常。

主题 2：误开重要阀门导致主泵轴承箱油位下降。

1. 事件概述

2015 年 1 月 26 日，方家山 2 号机组蒸汽发生器冷却停堆模式。维修仪控人员手持工作票，去现场处理 2 号主泵主油泵出口流量表 2RCP705MD 显示偏低缺陷，但工作票中没有详细描述工作内容。在处理过程中，维修人员发现该流量表旁边的手动阀 2RCP246VH 未全开，该阀门现场无标牌，于是错误地将该阀门当成了流量表的仪表根阀，且认为 2RCP246VH 未全开是导致流量表显示偏低的原因，随后将 2RCP246VH 操作至全开位置，导致通过主油泵进入上集油槽的流量大于上集油槽溢流到轴承箱的流量，流量失衡引起轴承箱油位下降。为确保安全，主控手动停运 2 号主泵。

2. 主要失效

(1) 维修人员技能不足，对现场设备不熟悉。

(2) 现场设备标牌缺失。

(3) 工作票中工作内容不明确。

(4) 维修人员防人因失误工具应用不足，没有质疑的工作态度，不确定时没有暂停工作。

3. 经验教训

核电厂不同生产阶段，工作特点和人员行为不同。在阶段切换后，工作人员养成的工作习惯应该立即转换。管理层应该高度关注不同阶段的不同要求，进行宣贯和强化。在电厂的各类活动中，工作人员应该严格遵守相关的制度和规程，明确每项工作的具体内容，使用防人因失误工具，减少人因事件。通过对以上几起人因事件的分析，提醒相关经验反馈如下。

1. 随着调试工作的即将全面完成，设备状态控制由调试转为运行人员全面控制。工作人员应该转变观念，任何现场设备操作，都应该得到运行人员的控制和许可。

2. 机组调试到运行初期，部分试验程序可能不完善。比较常见的是试验完成后，没有系统恢复的步骤，经验表明，这种情况下，靠人的记忆恢复系统往往容易导致失误。建议能够关注试验程序的完整性，增加试验步骤完成后系统恢复的操作步骤。

3. 系统，尤其是仪控系统的阀门可能存在标识不完整的情况下，建议能够尽量完成每个阀门的标牌悬挂。提醒工作人员，操作没有阀门标牌的阀门，请寻求支持，弄清楚以后再操作。

4. 要杜绝维修活动中存在的人员无票、未授权的情况下操作设备的现象，尤其是机组转为运行阶段以后。

5. 工作前应该明确工作内容，严禁超范围工作。

6. 现场标识应该准确清晰，消除人因失误陷阱。

7. 工作中应该正确地使用防人因失误工具，做好自检和他检，时刻保持质疑的工作态度，发现问题及时汇报。

第六章　习　题

6.1　填空题(每题4分)

1. 通过检测液体产生的压力来检测液位的仪表称为压力式液位检测仪表。

2. 测量敞口容器,液位变送器的高压端与容器底面连接,低压端与大气连通。

3. 核电厂大多数密封容器的液位检测装置都用"湿脚"。

4. 在核电厂利用差压变送器进行液位检测时,存在着无迁移、负迁移和正迁移三种情况。

5. 仪表改变迁移量之后的量程上限值不能大于仪表测量范围上限值。

6. 变送器拆装是时,必须使用专用的工具进行拆装,不能使用活扳手等不许可的工具。

7. 液位(差压)变送器现场校验时,须对变送器腔室及管线进行吹扫,去除残液。

6.2　简答题(每题4分)

1. 液位(差压)变送器由三通阀投运/隔离的操作顺序是什么?

(1) 液位(差压)变送器由三通阀切断(隔离)的操作顺序为:

1) 两名工作人员确认工作对象;

2) 缓慢关闭低压侧主阀;

3) 打开平衡阀,保证变送器两端面受压相等,使差压为零;

4) 关闭高压侧主阀;

5) 关闭平衡阀,锁定变送器两面的压力;

6) 确认液位(差压)变送器已切断(隔离)。

(2) 液位(差压)变送器由三通阀投运的操作顺序为:

1) 两名工作人员确认工作对象;

2) 检查所有的阀门是否关闭;

3) 打开平衡阀,保证变送器两端面受压相等,使差压为零;

4) 缓慢打开高压侧主阀,检查变送器两端面压力是否有泄漏;

5) 关闭平衡阀,锁定变送器两面的压力;

6) 打开低压侧主阀,形成压差,进入工作状态,从而使变送器投运;

7) 确认液位(差压)变送器已投运。

2. 简述电容式压力(差压)变送器现场检查的要点。

(1) 必须对工作对象进行确认。

(2) 检查变送器的压力腔室和相关阀组。

(3) 检查变送器的电气回路。

(4) 变送器的反冲洗。

(5) 液位(差压)变送器的现场校验。

3. 在进行现场电容式液位(差压)变送器的检查过程中,为了保证工作顺利进行,必须注意哪些关键点?

(1) 确认工作对象。

(2) 确认液位变送器/阀组的状态及是否存在泄漏。

(3) 确认液位变送器的工作电压及输出电流是否正常。

(4) 现场校验时,应保证液位变送器及管线无残留液。

(5) 确认冲装液体与系统一致;进行反冲装时,反冲泵应保持一定的压力,缓慢冲装;确认充装量合适。

6.3 操作题(60分)

试题:电容式液位(差压)变送器的现场检查

鉴定点:电容式液位(差压)变送器的现场检查

1. 准备要求

(1) 考场准备:

1) 试题名称:电容式液位(差压)变送器的现场检查

2) 本题分值:60分

3) 考核时间:45 min

4) 考核形式:实操

5) 设备设施准备:

序号	名称	规格	单位	数量	备注
1	热工闭环系统		套	1	
2	仪用工具包		套	1	
3	高压反冲泵		台	1	
4	空气减压阀及管线		套	1	

(2) 考生准备:

无

2. 考核要求

(1) 本题分值:60分

(2) 考核时间:30 min

(3) 考核形式:实操

(4) 具体考核要求:电容式液位(差压)变送器的现场检查。

(5) 否定项说明:无

3. 配分与评分标准

序号	考核内容	考核要点	配分	评分标准	扣分	得分
1	液位(差压)变送器检查前的准备	根据《工前会议记录表》进行考核	5	1. 未明确工作目的、工作对象、工作范围,扣1分 2. 未对工作组成员进行工作分工,明确工作地点及作业范围,扣1分 3. 未明确工作风险分析及预防性措施,扣1分 4. 其他,扣1分		
2	现场确认工作对象	两人确认工作对象	5	1. 未确认工作对象,扣3分 2. 未自检/互检,扣2分		
3	检查变送器的压力腔室和相关阀组	1. 检查变送器/阀组连接处是否有泄漏 2. 检查变送器/阀组的状态	10	1. 未确认变送器/阀组连接处无泄漏,扣3分 2. 未确认变送器/阀组的状态正确,每点扣2分 3. 阀组操作不正确/规范,每点扣2分		
4	检查变送器的电气回路	1. 测量变送器输出端电压 2. 测量变送器输出电流 3. 断电,测量变送器的绝缘	10	1. 未确认供电电压正常,扣4分 2. 电流测量操作不正确,扣4分 3. 绝缘测量操作正确,扣2分		
5	对液位(差压)变送器进行现场校验(校验过程模拟实施)	1. 隔离变送器,打开平衡阀 2. 在一侧泄压阀入口接入仪用压空(保持微压),打开泄压阀进行吹扫	10	1. 吹扫操作步骤不正确,每点扣2分 2. 变送器及管线未干净,扣3分 3. 未收集残液,扣3分		
6	对液位(差压)变送器进行反冲洗	变送器进行反冲洗	10	1. 未确认充装液体与系统一致,扣2分 2. 未保持反冲泵压力且缓慢充装,扣2分 3. 阀组操作步序不正确,每点扣2分 4. 未确认充装量合适,扣2分		
7	检查/投运变送器,确认液位显示正确	1. 投运变送器,检查无泄漏 2. 确认液位显示正确	5	1. 投运步序不正确,扣2分,未确认无泄漏,扣2分 2. 未确认液位显示与现场一致,扣1分		
8	确认工作完成,清理工作现场	工完料净	5	未工完料净,扣5分		
否定项:无						
总分:						

评分人:　　　年　　月　　日　　　　　　　　　　　　核分人:　　　年　　月　　日

第十一部分　电磁流量计的使用

第一章　操作准备

1.1　原理描述

1.1.1　电磁流量计的工作原理

电磁流量计基本原理(见图 1-1)基于法拉第电磁感应定律。

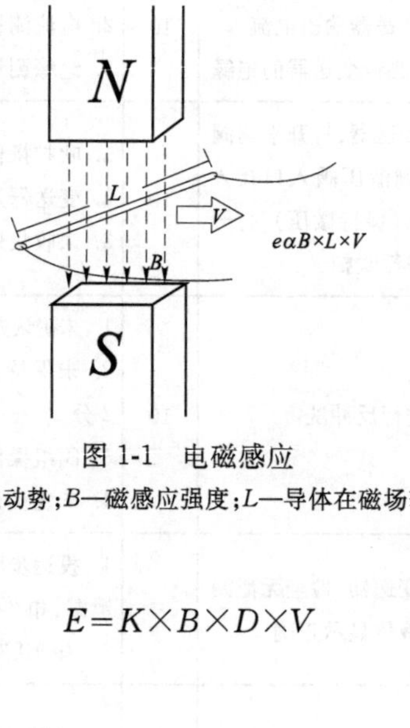

图 1-1　电磁感应

e—导体两端感应电动势；B—磁感应强度；L—导体在磁场范围内有效长度

法拉第电磁感应定律：

$$E=K\times B\times D\times V$$

式中：E——感应电动势；

K——仪表常数；

B——磁感应强度；

D——测量管直径；

V——平均流速。

1.1.2　由基本原理引申三个重要概念

1. 只能测量导电介质

电导率限制条件$\sigma \geqslant 1\sim 5\ \mu S/cm$(水$>20\ \mu S/cm$)(低电导率使用专用仪表)。

不能测量非导电介质，如气体、油类，如介质含有大量气体，测量结果严重波动。

2. 必须存在磁场

励磁电流流经测量管上下励磁线圈产生磁场。励磁线圈断路，流量计不工作，励磁电流稳定性直接影响仪表测量。

测量管必须为非导磁材料，保证磁场穿过导管(测量管应采用不锈钢材质)。

3. 实际测量值为流体流速

电磁流量计实际测量介质的流速。

测量介质的体积流量，Q(流量)$=\pi/4\times DN^2\times V$

$$\{V=Q\times 0.035\ 37\ \mathrm{m/s}/(DN/100),\ Q=V\times 28.274\ \mathrm{m^3/h}/(DN/100)\}$$

1.2 电磁流量计的组成

1.2.1 电磁流量传感器

电磁流量传感器如图 1-2 所示。

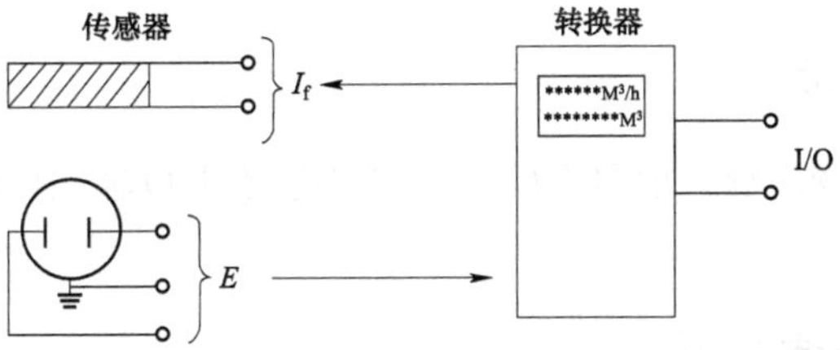

图 1-2 传感器原理图

传感器组成部件：导管、线圈、电极、衬里、外壳、法兰。

1. 导管：导管必须是非导磁材料，如不锈钢、陶瓷、塑料等。导管是介质的流通途径，导管承受额定的工作压力。

2. 线圈和磁路：为了产生感生电势，需要产生磁场，线圈和磁路主要用于产生磁场。当温度不同时，线圈的漆包线的耐温等级也不同。当最高温度低于 120 ℃时为 E 级，如最高温度为 180 ℃时则为 H 级，同时注意衬里材料也应和温度相适应。

3. 电极：电极用于从介质中取信号，由于直接和介质接触，因此，它的耐腐蚀特性应和介质相匹配。不锈钢 0Cr18Ni12Mo2Ti，哈氏合金 B、哈氏合金 C，钛 Ti，钽 Ta，铂 Pt，铂铱合金。对电极的要求是：耐介质腐蚀，无电化学反应干扰。电极有三种不同型式，适应不同的应用场合。普通电极、刮刀电极(RE)可清除电极表面污垢。可更换电极(WE)可在线拆下清洗污垢。

4. 衬里：衬里直接与介质接触，必须选择与介质相适应的衬里材料。

PTFE(DN25～DN900)，耐温性：180 ℃，耐腐蚀性：优异，几乎对所有常用的化学品和溶剂都不反应。耐负压：差。

PFA(DN25～DN150)，耐温性：180 ℃，耐腐蚀性：同 PTFE，耐负压：优异，适用流体：氢氟酸、盐酸、醋酸等高渗透液体；硫酸、烧碱等强腐蚀液体；容易结垢、沉积、附着、固化的液体;有卫生要求的液体。

橡胶(DN25～DN3000),耐温性:65 ℃,耐腐蚀性:一般,耐磨性:一般,适用流体:上水、下水、海水、工业用水。

聚氨脂橡胶(DN50～DN1000),耐温性:40 ℃,耐腐蚀性:差,耐磨性:优异,是天然橡胶的10倍,适用流体:海水、泥浆、矿浆、煤浆。

陶瓷,99.9%纯度的 Al_2O_3(DN2.5～DN150),耐温性:180 ℃,耐腐蚀性:优异(除氢氟酸等强酸),耐磨性:优异,缺点:易碎,适用流体:硬质浆液、腐蚀性液。

5. 外壳和侧环:外壳和侧环用于防护环境对线圈及电极的侵害。外壳和侧环用于屏蔽外界磁场,有些口径及型号的外壳是磁路的一部分。

法兰:法兰用于连接管道,需要符合标准,目前常用的主要有以下标准。

国家标准 GB 9115—2000,等同标准 BS4504(英标),DIN2501(德标),ISO7005(国际标准)

美国标准 ANSI B16.5RF,目前主要采用150lb,300lb,大致相当于2.0 MPa,5.0 MPa

日本标准 JIS 2210,主要有2 k,5 k,10 k,1 k=0.1 MPa

另外还有其他标准,如澳洲标准、印度标准,国内还有化工部标准、机械部标准、石化标准等。

1.2.2　电磁流量转换器

转换器组成部件:电源电路,前置电路,Up主机电路,I/O输出电流,通讯接口电路,显示电路,励磁电流电路。

1.2.3　电磁流量计连接电缆

1. 信号电缆:将传感器流量信号传输到转换器。

信号电缆线分A型、B型两类,常用型号为A型,根据被测介质电导率及分体型流量计需要长度由图表选用信号电缆型号,被测介质电导率过低,电缆长度需求过长,选用B型电缆概率越高,不是所有电磁流量计都能使用B型电缆。

2. 励磁电缆:将转换器产生励磁电流送到传感器励磁线圈。

1.2.4　小结

电磁流量计由传感器、转换器、电缆连接线三部分组成,缺一不可。如电缆连接线很短,安装在流量计壳体内,传感器与转换器组成一体为一体型流量计。如传感器与转换器分开独立安装,则称分体型电磁流量计。切记电缆连接线也是电磁流量计的重要组成部分。

1.3　电磁流量计四大特点

1. 测量管内无阻尼结构(空管):压损小,可测量固液二相介质的体积流量。

2. 测量体积流量与被测介质诸多物理量无关:如被测介质的温度、压力、密度、黏度、电导率(必须大于一定值)参数变化,不必进行修正和补偿。

3. 输出信号与被测介质体积流量成线性管系:量程比宽(1:100),不需非线性修正。

4. 对流量测量管前后直管段要求低：前置直管段 $L_1>5D$，后置直管段 $L_2>2D$（D 为测量管直径）

L_1（前置直管段）：5～10D

L_2（后置直管段）：2～5D

1.4 传感器系数 G_K 值分析

1.4.1 问题引入

某一台电磁流量传感器，B、D 为定值时，电极流量信号与被侧介质流速成正比。

不同口径传感器相同流速，无法达到相同的电极流量信号。

相同口径传感器相同流速，也有不同的电极流量信号。

原因：是工艺条件限制，B（磁通密度）、D（管道内径）不能实现绝对相同，$E=B\cdot D\cdot V$。

1.4.2 传感器常数 G_K 的重要作用

每台传感器均有自己的特征值，即传感器系数 G_K。

用 G_K 值反映某一传感器的流量信号特征（称为传感器常数）。

G_K 定义：当被测介质流速为 1 m/s 时的流量信号 $E_{1\,m/s}$，与定值 840 mV 之比值为此台传感器的 G_K 值（即传感器系数）。

已知 G_K 值则能求得在流速为 1 m/s 时此传感器电极流量信号 $E_{1\,m/s}=840\ \mu V/G_K$。

已知 G_K 值则能求得在流速为 $V_{m/s}$ 时此传感器电极流量信号 $E_{Vm/s}=840/G_K\times V_{m/s}$。

当 $G_K=1$ 时，$E_{1\,m/s}=840\ \mu V$。

已知 G_K 值传感器则能与所有系列转换器实现配套和互换（转换器中设定对应 G_K、D、$Q_{100\%}$各参数后则完成配套目的）。

G_K 值为一无量纲单位的系数。

1.4.3 电磁流量计标定

非稳压动态水流量标定装置——确定传感器系数 G_K 值。

1.4.4 流量标定装置标定传感器系数的原理

$$G_{K被标传感器}=(U_{实际容积}/U_{测量容积})\times G_{K标准转换器}$$

式中：G_K 被标传感器——被标定的传感器系数；

$U_{实际容积}$——由标定容器测得流过传感器流量的实际流量容积；

$U_{测量容积}$——被标传感器与标准转换器配合测得的测量容积；

$U_{测量容积}$——$P_{累积脉冲}\times N_{脉冲当量}$；

$P_{累积脉冲}$——标准转换器输出脉冲累积值；

$N_{脉冲当量}$——每一脉冲对应的流量体积；

G_K 标准转换器——标准转换器内设定的 G_K 值。

1.4.5 电极电阻检测

检测原理:在两电极和电极对地之间加一电压,通过测量流经电流,可检测电极间的电阻值。

$$R=K/(\sigma \times E_F)$$

式中:R——电极电阻;

E_F——电极系数(接近电极尺寸);

σ——电导率;

K——常数。

校验时在 C1.1.10 中输入现场校验时介质电导率,机内自动计算并显示出 E_F 值,以后此值用于从电极电阻检测电导率。

应用目的:

1. 计算检测介质电导率$\sigma=R\times E_F$。
2. 判断管道中空管可能当$\sigma\downarrow\downarrow$小于极限值时空管报警。
3. 电极结垢绝缘物时,电极电阻 $R\uparrow\uparrow$过大。
4. 电极泄漏:此时电极对地电阻明显减小。

1.4.6 励磁线圈电阻测量

检测原理:

励磁线圈电阻 R 与线圈温度的关系式:

$$R=R_{20}[1+a(T-20\ ℃)]$$

式中:R_{20}——20 ℃时励磁线圈电阻;

a——值为 0.39%/℃,线圈材料温度系数;

T——检测时线圈励磁温度。

校验时在 C1.1.08 中输入现场校验时线圈温度,机内计算并显示 R_{20} 值,以后此值用于从线圈电阻检测线圈温度。

应用目的:

1. 通过检测线圈电阻计算测出线圈温度(℃),它间接反映了传感器介质和环境温度。
2. 当线圈阻值与出厂值相比较变化过大时,确定线圈短路或开路存在,将严重影响测量精度。

1.4.7 电极噪声检测

1. 噪声引起原因

气泡,固态颗粒,檫磨电极。

介质对电极电化学腐蚀。

两种不同电导率介质配比不均匀,介质 pH 迅速变化。

电导率过低。

当噪声严重影响仪表时会出现输出信号和显示的波动。

2. 检测原理

电极信号=流量信号+噪声电势。

删除电极信号中有规则的流量信号后测得的电极电压为噪声电势。

流量信号=0 时，

电极信号=噪声电势。

3. 应用目的

当检测到噪声电势后，启动噪声滤波抑制功能，便能有效抑制噪声使仪表正常工作。

4. 使用方法

在菜单中启动电极噪声测量 C1.3.13 ON。

实测电极噪声数值 C1.3.15。

再开启噪声滤波 C1.2.07 ON。

提高实测电极噪声数值 20%，再将此值设置到噪声电平 C1.2.08 中或提高噪声抑制 C1.2.09。

返回 C1.3.15 再检测实测电极噪声数值，如还未见效，重复上述步骤，同时开启噪声滤波提高脉冲宽度和脉冲限制(C1.2.4，C1.2.5，C1.2.6)，直至工作稳定。

1.4.8 流体流态检测

检测原理：两个上下励磁线圈中，同时同相流入同值励磁电流 I_1，I_2 在两电极上产生极性相反的感应电势 U_1 和 U_2。

如管内流体流态分布对称均衡时 $U_1=U_2$，两电极上合成电势 $U_{AB}=U_1-U_2=0$。

如管内流体流态发生变化，尤其管中上下两部分流态存在差异时 $U_1\neq U_2$，$U_{AB}\neq 0$。

当上述 U_{AB} 大到一定量时，可检测出：

测量管未满管。

测量管底部沉积。

测量管衬垫明显凸起。

前后直管段未达到安装要求，造成流态不对称，或紊流状态。

1.5 电磁流量计十种不同分类型式

1. 按传感器和转换器安装位置划分：一体型、分体型和墙挂型、盘装型。
2. 按使用与防爆区域划分：防爆型和非防爆型。
3. 按传感器结构划分：管道式和插入式。
4. 按防护等级划分：防喷淋型和潜水型。
5. 按励磁方式划分：单频励磁和双频励磁。
6. 按传感器承压能力划分：普通型和高压型。
7. 按传感器有无电极划分：电极型和电容型。
8. 按转换器电路型式划分：模拟电路型和智能型。
9. 按电源和输出线传输线数量划分：二线制和四线制。

按电源供给类别划分:交流供电、直流供电和电池供电型式。

三厂 1 号机组 S1-224 模拟体,模拟体处于可用状态。检查模拟体是否有损坏,核实可否正常动作,以确保教学过程的顺利实施。

1.6 辐射防护准备

三厂 1 号机组 S1-224 模拟体无辐射风险。

1.7 工业安全准备

按照工业安全规定执行,所有人员穿戴劳动保护用品。具体的工业安全准备需根据现场环境而确定,但基本的工业安全需要准备。所有人员必须佩戴安全帽、防砸鞋、工作服、手套等。检修场地使用警示带进行围栏,确保工作过程中无非工作人员进入。

1.8 配合人员准备

需仪控人员配合教员。

1.9 场地准备

清理场地,确保检修场地无其他异物;合理分配场地,确保工具、设备的合理分布,方便检修;在场地外围布置警示带。

第二章　操作实施

2.1　操作实施 1——工前会

见表 2-1。

表 2-1　工前会

工作内容：			工单号：
电厂：	机组：	系统：	工作地点：
设备编码：		工作负责人/项目负责人：	
一、工作负责人/项目负责人会前需要确认的事项：			
	□维修工作包完整齐全　□工具和备品备件齐全　□风险分析全面 □安全措施正确完备并已落实到位　□隔离边界明确　□工作票证齐全 □工作组成员精神状态良好　□个人防护用品和安全用具齐全 □水、电、气、汽源情况检查，确认工作期间对这些源的使用便利性和安全性		
二、工作负责人/项目负责人向工作组成员交代以下事项：			
	□工作目的、工作对象、工作范围、工作地点 □工作组成员分工 □工作风险分析及预防性措施		
三、工作负责人/项目负责人与工作组成员讨论并记录以下事项：			
	程序关键步骤、高风险步骤提示及预防性措施：		
	以往同类工作经验反馈：		
	其他事项：		
声明： 本人已参加此次工前会，已清楚工前会的内容及要求，并保证在工作实施过程中严格遵守和执行。 工作组成员签名/日期：			

2.2 电磁流量计安装调试中八项要求

1. 传感器上箭头方向必须与实际流量方向一致(如反向安装,转换器菜单中流动方向一项必须更正)。

2. 必须保证满管测量状态。

3. 必须确保前 5 后 2 的直管段。

4. 传感器必须良好单独接地。

接地含义:给信号源参考零电位,使被测介质与大地相连通,安全性要求(如雷击),抗外界干扰,接地点离传感器越近越好,绝不能与其他设备接地点相连接,要求接地电阻≤10 Ω。

接地要求:电磁流量计变送器外壳、屏蔽线、测量导管及变送器两端的管道都要接地且单独设置接地点,绝不能接在电机电气等公用地线或上下水官道上;转换器部分已通过电缆线接地,毋须再行接地,以免因电位不同而引入干扰。

带接地环的接地方法:

如工艺管道为绝缘材料,必须配用接地环,稳定边界条件,提高测量定性和精度。

1. 分体型电磁流量计必须配套对号安装

分体型电磁流量计应确保电磁流量转换器与传感器对号配套使用,转换器与配套传感器仪表号码一致(张冠李戴将不能正常工作)。

2. 必须正确接线和铺设电缆

传感器和转换器的连接电缆必须对号入座,正确连接(理解各线编号含义)。

电缆安装注意事项:

信号电缆与励磁电缆分开穿管(铁管),可防止干扰,机械损伤,必须采用公司提供的专用电缆。

信号电缆、励磁电缆与电源线分开安装。

脉冲输出线应考虑线间分布电容影响,不宜过长。

3. 必须合理配置电磁流量计的后位仪表

要根据后位仪表要求确定有源还是无源,输出无源输出时外加电源应符合技术规范,若需串接电阻时,电阻值应在允许范围内。

4. 调试前必须校对接入电源电压

(24 VDC 仪表被 220 VAC 电源烧坏现象经常发生)

调试中只允许零位调整,出厂经实流标定设好各种参数,无须任意变更。

2.3 参数设置

2.3.1 工作前检查

1. 观察电磁流量计外观是否良好,无明显痕迹,显示屏幕无破损。

2. 确认电磁流量计按键功能正常,能正常切换被测参数。

3. 打开电磁流量计底部面板，对照图纸，确认电磁流量计接线准确。

4. 紧固端子，确认接线无松动，恢复面板。

2.3.2 通电

1. 仪表开启电源后，仪表将进行一次自检。自检结束后，仪表立即开始测量并显示当前值。

2. 仪表显示测量模式的显示界面，通过操作按键↑和↓可在 2 个测量值窗口、趋势显示窗口和状态信息列表窗口之间切换。

2.3.3 参数设置

1. 在测量模式下，操作按键↑和↓可在显示页面之间切换：测量值 1+2、趋势页和状态页。

2. 在测量模式下，按住＞键 2.5 秒后，进入菜单模式，显示"快速设置"菜单。

3. 在菜单模式下，操作按键↑和↓选择子菜单项。按下＞键进入所选择的子菜单或功能。

4. 在菜单模式下，操作确认键返回测量模式，但首先会询问是否保存数据。

5. 在子菜单或功能模式下，操作按键↑和↓选择子菜单或功能。按下＞键进入参数和数据模式。

6. 在子菜单或功能模式下，操作确认键 1 到 3 磁，返回菜单模式，并保存数据。

7. 在子菜单或功能模式下，操作 ESC 键，返回菜单模式，但不保存数据。

8. 在参数和数据模式下，按下＞键，光标(蓝底)向右移动一位。

9. 在参数和数据模式下，操作确认键，返回子菜单或功能模式，并保存数据。

10. 在参数和数据模式下，操作按键↑和↓，使用蓝底光标，更改数字、单位、设置和移动小数点。

11. 在参数和数据模式下，操作 ESC 键，返回子菜单或功能模式，但不保存数据。

12. 按照操作步骤 1～11，对照参数设定值及说明，检查仪表参数。

注意：所有运行数据在工厂内已经根据订货要求进行了设置，非设备工程师同意，严禁私自修改设置参数。

2.3.4 复位计数器

1. 若有需要，可将设备计数器值清理。

2. 在测量模式下，按住＞键 2.5 秒后，进入菜单模式，显示"快速设置"菜单。

3. 在菜单模式下，操作按键↑和↓选择 A3.2 复位计数器 1。按下＞键进入子菜单或功能模式。

4. 在子菜单或功能模式下，操作按键↑和↓选择：是。操作确认键，保存数据，并返回至菜单模式。

5. 操作按键↑和↓选择 A3.3 复位计数器 2。按下＞键进入子菜单或功能模式。

6. 在子菜单或功能模式下，操作按键↑和↓选择：是。操作确认键，保存数据，并返回至菜单模式。

7. 在菜单模式下,操作确认键返回测量模式,确认计数器已经清零。

2.3.5 场地清理

1. 所有工具、仪表和器具清理完毕。
2. 产生的废物已收集并放到指定地点。

工作区域打扫干净。

第三章　故障检查和处理

3.1　常见故障现象和判断方法检查和处理

3.1.1　按故障发生时期区分

1. 如在安装调试期发生问题,应侧重于以下分析和检查:
仪表使用工况条件是否符合要求。
仪表选型是否正确。
仪表安装是否合理。
忌讳五种安装:
聚气点——避免气泡聚集;
非满管——保证满管测量;
虹吸口——不能产生虹吸现象;
前置阀——调节阀应安装在下游;
后抽泵——上游装泵不产生负压。
2. 如经过较长时间正常运行后发生问题,应多侧重仪表本身检查:
传感器电极腐蚀、磨损、泄漏、结垢。
励磁线圈绝缘下降。
转换器电路故障。
连接电缆断路、短路、受潮。

3.1.2　按故障发生源头区分

1. 来自外界干扰引起:
电源电压不稳、仪表遭雷击;
空间电磁波干扰;
周围大电机磁场干扰;
电缆线引电位电压。
2. 来自管路系统引起:
传感器后无背压,引起空管;
导管杂散电流影响;
装于管网高点聚集气泡;
绝缘材料管路接地不良。
3. 来自被测流体引起:
介质含大量气泡和固体颗粒;

介质含铁磁性物质；

不同 pH 值介质混合不均；

介质与电极产生化学作用。

4. 来自仪表故障引起：

下面专题分析。

3.1.3 按故障发生现象区分

1. 流量计无显示和输出信号：

检查电源接入(包括保险丝、保险管)断路或短路；

检查连接电缆(励磁线、信号线)断路或短路；

检查转换器相关功能是否开启；

检查转换器是否损坏。

2. 流量计超满度显示和输出信号：

检查传感器是否空管；

检查信号电缆是否断路；

检查有无干扰信号从管路或电缆引入；

检查转换器设置是否错误；

检查后位仪表是否错误配置。

3. 流量计显示和输出信号波动、不稳：

检查液体本身含较多气泡纤维、颗粒产生摩擦电势；

检查有无外界干扰进入；

检查流体本身脉动与不稳；

检查介质与电极有无发生化学反应、电极是否泄漏。

4. 流量计显示和输出信号与实际流量不符：

检查传感器有无满灌；

检查传感器电极绝缘性能；

检查连接电缆有否断、短路或绝缘下降；

检查转换器菜单设置是否正确。

3.1.4 区分故障产生于电磁流量传感器还是转换器

1. 短路法

将转换器信号输入端 1#、2#、3#短路，检查转换器是否恢复零位显示和输出 $I_{0\%}$(0 或 4 mA)，能恢复零点大致认为转换器工作正常，反之则反。

人为改变转换器零点(如调节零点电位器，手动改变零点)，再检查转换器零点是否相应变化，能变动零点的转换器，则进一步确认转换器工作正常。

2. 替代法

利用现有工作正常转换器，替代待判断转换器(必须设置成同样菜单内容，DN、$Q_{100\%}$、G_K)。借助互换性来分析故障所在，如替代后，流量计工作正常，原转换器必有故障，反之则反。

3.1.5 用电磁流量模拟信号器检测转换器

1. GS8A 模拟信号器原理与功能：

模拟信号器模拟电磁流量传感器；

产生一个模拟流量信号；

信号大小由流速 V 和传感器系数 G_K 因素决定；

模拟信号器信号调节位指示值是 V/G_K 的倍数。

2. GS8A 模拟信号器与转换器的连接：

9 芯电缆插头与 GS8A 插座相连；

信号线 1#、2#、3#编号与转换器对号相接；

励磁线 7#、8#编号与转换器对号相接。

3. 校验转换器的输出信号误差：

按公式计算 X 值=

K 系数=7 074，DN 取 mm，$Q_{100\%}$取 m^3/h

F 系数—G_K 为 1，G_{KL} 为 2

信号调节指示拨至 Y 处<X 值

计算转换器输出信号误差

理论值 $I=I_{0\%}+(Y/X)\times(I_{100\%}-I_{0\%})$

实际值 I_0 由万用表测试

3.1.6 电磁流量传感器的常规检测

1. 传感器励磁线圈阻值 R 检测：

用万用表检测传感器 7#、8#间电阻

不同口径励磁线圈阻值不同，范围在十几 Ω 到 150 Ω 之间

当 $R\approx0$ 或 $R\approx\infty$时，则线圈短路或断路

将测试值与原出厂值进行比较判断励磁线圈故障

2. 传感器励磁线圈绝缘电阻检测：

用万用表检测 7#(或 8#)对外壳接地间绝缘电阻

要求绝缘电阻 $r>1\ M\Omega$，否则为线圈受潮

3. 检测传感器二个电极对地电阻 R_{E2}、R_{E3}(测量管满管条件)：

用指针式万用表进行测试，测量时有充放电现象

测试时同一表笔测量电极 2#和 3#，同一表笔接 3#(记录二次测量瞬时值)

R_{E2}，R_{E3} 阻值随介质电导率及仪表口径不同而不同。电导率越高，口径越大，阻值越低；电极对地电阻一般在几 kΩ 到几百 kΩ 之间

若 $R_{E1-2}\approx0$ 或 $R_{E1-2}\approx\infty$时，则线圈短路、断路或结垢

若 R_{E1}、R_{E2} 相差甚大，二电极不对称，有泄漏可能

(测量管空管条件)：

测量管空管，干燥条件下，用兆欧表检测电极对地绝缘电阻 r_{E2}，r_{E3}

要求 $r_{E2}, r_{E3} > 10\ M\Omega$

3.1.7 连接电缆“励磁线和信号线”的常规检测

1. 励磁电缆线检测：

一体型仪表和IP68灌封型传感器中励磁线检测方法同励磁线圈检查相同。励磁电缆和励磁线圈二者同时被检测，必要时切断连线才能单独检测。

分体型仪表和非灌封型励磁线检测

励磁线一端二线 7#、8#短路，另一端用万用表测量应为线间电阻。

2. 信号电缆先检测：

一体型仪表和 IP68 灌封型传感器中励磁线检测方法同传感器二电极对地电阻检查。

电极对地电阻与信号线二者同时被检测，必要时切断连线才能单独检测。

分体型仪表和非灌封型励磁线检测

信号线 1#对 1#，2#对 2#，3#对 3#应为线间电阻

1#对 2#，1#对 3#，2#对 3#之间应保持良好绝缘性能。

3.1.8 电磁流量计输出信号与后位仪表配接检查

后位仪表本身不属于检测项目，有源输出信号，不允许后位再附加电源，无源输出信号，后位仪表必须具备外接电源，必要时还应串入限流取压电阻 $R(1\sim10\ k\Omega)$。后位仪表有接地电位时，输出信号线应接同地电位。（输出信号必须为隔离型），按后位仪表要求，设置转换器输出脉冲的幅值和脉宽，否则后位仪表难以接收到脉冲。根据通讯规则连接各种通讯接口。（包括地址和波特率设置）

第四章 操作结束

4.1 工后会

见表 4-1。

表 4-1 工后会

工作内容：				工单号：
电厂：		机组：	工作负责人/项目负责人：	
计划完工时间：			实际完工时间：	
序号		检查项目	检查结果	异常情况记录
一工作回顾	1	工作许可证已归还	□是 □否	
	2	检修现场清理完成	□是 □否	
	3	设备标牌清晰无损伤	□是 □否	
	4	检修任务达到预期结果	□是 □否	
	5	试验设备和工器具已归还	□是 □否	
二经验反馈	6	工期安排合理	□是 □否	
	7	工作人员配置充足	□是 □否	
	8	工作文件准备充分	□是 □否	
	9	工作人员的检修技能满足要求	□是 □否	
	10	规程、图纸需要升版	□是 □否	
	11	库存备件需要补充	□是 □否	
	12	更换下来的旧部件需要利旧翻新维修	□是 □否	
	13	检修过程中出现预期外的现象和报警	□是 □否	
	14	提出缺陷单、QDR、状态报告等	□有 □无	
	15	编写良好实践、经验反馈	□有 □无	
	16	工作中需要协调、改进建议等	□有 □无	
三其他事项	17			
工作组成员签名/日期：				

第五章 经验反馈

5.1 电极短路

电磁流量计变更安装完成后，水泵未运行时，流量转换器有流量显示，且数据波动，当水泵运行时，流量变小且且数据依旧波动。用万用表检查发现电极短路。

解决措施：打开传感器盖，重新焊接电极接线，传感器各项阻值正常，转换器零位正常。

5.2 小信号切除

电磁流量计变更安装完成后，数据存在波动。

解决措施：在流量计转换器中设置小流量切除，数据显示稳定。

第六章　习　题

6.1　简答题(每题10分)

1. 写出法拉第电磁感应定律的公式。

$$E=K\times B\times D\times V$$

E:感应电动势;

K:仪表常数;

B:磁感应强度;

D:测量管直径;

V:平均流速。

2. 简述电磁流量计的组成。

电磁流量计由传感器、转换器、电缆连接线三部分组成。

3. 简述电磁流量计四大特点。

(1) 测量管内无阻尼结构(空管):压损小,可测量固液二相介质的体积流量。

(2) 测量体积流量与被测介质诸多物理量无关:如被测介质的温度、压力、密度、黏度、电导率(必须大于一定值)参数变化,不必进行修正和补偿。

(3) 输出信号与被测介质体积流量成线性关系:量程比宽(1:100),不需非线性修正。

(4) 对流量测量管前后直管段要求低:前置直管段$L_1>5D$,后置直管段$L_2>2D$(D为测量管直径)。

4. 电磁流量计的接地要求是什么?

电磁流量计变送器外壳、屏蔽线、测量导管及变送器两端的管道都要接地且单独设置接地点,绝不能接在电机电气等公用地线或上下水管道上;转换器部分已通过电缆线接地,无须再行接地,以免因电位不同而引入干扰。

5. 分析流量计无显示和输出信号的原因。

检查电源接入(包括保险丝、保险管)断路或短路。

检查连接电缆(励磁线、信号线)断路或短路。

检查转换器相关功能是否开启。

检查转换器是否损坏。

6.2 实操题(模板)

鉴定点:电磁流量计的设置

试题:电磁流量计的设置

1. 准备要求

考场准备:

(1) 试题名称:电磁流量计的设置

(2) 本题分值:50 分

(3) 考核时间:40 min

(4) 考核形式:实操

(5) 设备设施及工具准备:

序号	名称	规格	单位	数量	备注
1	模拟体		台	1	教学用模拟体一台
2	仪用工具包等		套	1	

2. 考核要求

(1) 本题分值:50 分

(2) 考核时间:40 min

(3) 考核形式:实操

(4) 具体考核要求:根据维修规程操作,熟悉其关键点、解体过程大致步骤

(5) 否定项说明:无

3. 配分与评分标准

序号	考核内容	考核要点	分	评分标准	分	分
	确认工作对象	根据标定单确认设备	10	根据工单确认设备,未自检,扣 3 分;未互检,扣 2 分		
	检查确认标准仪器	1. 确认标准仪器的量程和有效期 2. 检查标准压力源的气密性 3. 确认标准仪器的供电充足	10	1. 未确认标准仪器的量程合适,扣 4 分 2. 未确认标准仪器在有效期内,扣 2 分 3. 未确认标准压力源无泄漏,扣 2 分 4. 未确认标准仪器供电充足,扣 2 分		
	对电磁流量计进行校验	按维修规程对电磁流量计进行设置	20	1. 维修规程未打钩,每点扣 1 分 2. 操作不正确,扣 2 分;设置结果不合格;扣 4 分 3. 仪表/工具使用不正确,每项扣 2 分.		
	确认工作完成,清理工作现场	工完料净	10	未工完料净,扣 10 分		
否定项:无						
总分:						

评分人: 年 月 日 核分人: 年 月 日